图说美学

（彩图版）

★ ★ ★ ★ ★

青少年普及读物

★ ★ ★ ★ ★

丰富的知识宝藏
美妙的阅读之旅

常宏 著

IMAGE INTERPRETATION

TU SHUO MEIXUE

图说美学

40多位美学大师，200余幅精美图片

171千字美文，故事娓娓道来

在轻松的阅读空间里，时时闪耀着思想与智慧的光辉

文化的力量和图画的色彩一起流淌

开始一段愉快的彩色读书之旅

華文出版社
SINO-CULTURE PRESS

图书在版编目（CIP）数据

图说美学 / 常宏著 .—北京：华文出版社，2009.2（2020.4 重印）

ISBN 978-7-5075-2580-9

Ⅰ . 图… Ⅱ . 常… Ⅲ . 美学—通俗读物 Ⅳ .B83-49

中国版本图书馆 CIP 数据核字（2009）第 021389 号

图说美学

著　　者：常　宏

责任编辑：杜海泓

封面设计：君阅书装

文字编辑：黎　娜　左武超

美术编辑：杨玉萍

出版发行：华文出版社

地　　址：北京市西城区广外大街 305 号 8 区 2 号楼

邮政编码：100055

电　　话：总编室 010-58336239　　发行部 010-58336267　58336230
责任编辑 010-58336210

经　　销：新华书店

印　　刷：永清县晔盛亚胶印有限公司

开　　本：720mm × 1010mm　1/16

印　　张：14

字　　数：171 千字

版　　次：2009 年 2 月第 1 版

印　　次：2020 年 4 月第 4 次印刷

标准书号：ISBN 978-7-5075-2580-9

定　　价：32.90 元

前言

PREFACE

美学是研究美、美感、美的创造及美育规律的一门科学。学习和探讨审美活动的起源、美感心理、审美活动的构造与形态等，不但可以提高哲学视野和理论素养，学会用美学的眼光看待世界，而且对我们理解人类生活的价值追求和艺术创造，提高审美修养和艺术鉴赏力，理解日常生活的各种审美现象、提高人生品位大有裨益。但美学学科体系庞大、结构复杂、内容丰富而且晦涩深奥，学习起来有相当的困难。

鉴此，我们采取了更为直观的图文呈现手法，引入“图说”理念，推出《图说美学》一书，对美学发展史中名气最大、影响最深远、最有代表性的美学人物、美学论著及主要美学观点进行深入系统的介绍。全书按照时间顺序，化繁为简，

依次阐述了包括西方古典理性主义美学、中世纪美学、启蒙主义美学和现实主义美学等各流派的美学主张和美学思想，揭示故事背后的人类审美实践和美学原理，带领读者轻松领略美学历史发展的全貌，更好更快地了解和认识中外美学。

全书采用图文结合的编排形式，深入浅出的文字配以近400幅精美图片，立体地展现了美学历史上的重大事件，以及体现在这些事件中的美学知识，使读者在感受美学魅力的同时获得轻松愉悦的阅读享受。另外，文中增设的美学辞典、名人名言等辅助性栏目，使全书形成一个较为完整的知识体系，增强了本书的科学性和知识性。

极具艺术魅力的版式设计、科学简明的体例、丰富精美的图片和流畅生动的文字等多种视觉要素的有机结合，帮助读者跨越时间的间隔、文化背景的差异和专业知识的障碍，实现对美学知识和美学原理的有效认识和理解。

目录

CONTENTS

第一章　古希腊与古罗马美学

第二章　中世纪与文艺复兴时期美学

第三章 理性精神的17世纪美学

第四章 18世纪启蒙主义美学

第五章　19世纪美学

第六章　20世纪以来的美学

第一章

古希腊与古罗马美学

公元前6世纪，在地中海的东部，理性思维的萌芽开始出现，西方各种美学流派都可以在这一时期找到源头，这就是古希腊美学的伟大开端。古罗马美学思想则是对古希腊美学思想的继承和发展。

西方古典理性主义美学始祖

——苏格拉底（公元前469～前399年）

▲苏格拉底像

苏格拉底述而不作，他经常说"我只知道自己一无所知"，而正是他对"美本身"的追问使审美活动走向自觉，预示了美学产生的可能性。苏格拉底对知识的敬畏和他已取得的成就同时证明着他的伟大。

苏格拉底（公元前469～前399年），是雅典公民雕刻匠索佛隆尼斯库的儿子，母亲菲娜瑞特是个助产士，也就是接生婆。而成年的苏格拉底，称自己是精神的助产士。他少时即从事艺术雕刻，技艺精湛，据说雅典卫城建筑上的一组美神雕像就是他的作品。

苏格拉底被称作是"西方的孔子"，"他不仅是哲学史中极其重要的人物——古代哲学中最饶有趣味的人物，而且是具有世界史意义的人物"。

历史上有许多偶然的相似，他也和孔子一样，长得很丑：脸面扁平、一个大扁鼻子、嘴巴肥厚，挺着一个大肚子；他比滑稽戏里的一切丑汉还丑。他总是穿着褴褛的旧衣服，光着脚到处走。他和人谈话的时候偏低着头，像条壮实的公牛。他不顾寒暑，不顾饥渴，使得人人都惊讶。在《会饮篇》里曾这样描述苏格拉底服兵役的情形：我们的供应被切断了，所以就不得不空腹行军，这时候苏格拉底的坚持力真是了不起，他不仅比我，而且比一切人都更卓绝：没有一个人可以和他相比。他忍耐寒冷的毅力也是惊人的。曾有一次严寒天气，因为那一带的冬天着实冷得可怕，所有别的人不是躲在屋里，就是穿着多得可怕的衣服，紧紧把自己裹起来，把脚包上毛毡；这时只有苏格拉底赤着脚站在冰上，穿着平时的衣服，但他比别的穿了鞋的兵士走得更好；他们都对苏格拉底侧目而视，因为他仿佛是在鄙夷他们呢。

他是一个善于交际的人。他很少饮酒，但当他饮酒时，从没有人看见他喝醉过。根据柏拉图的记载，在一次宴会上，不管喝了多少酒，他仍然若无其事。大家最后靠在靠椅上睡着了，在天明醒来时，苏格拉底一杯在手，还在和阿里斯多芬谈论喜剧和悲剧，然后他照常去公共场所，去运动场，好像什么事情也没有发生，并且像平常一样整天到处找人谈话。“神让我到这里履行牛虻的责任，整天到处叮着你们，激励、劝说、批评每一个人。”[①]也因此，苏格拉底被指控“犯有败坏青年之罪，犯有信奉他自己捏造的神而不信奉城邦公认的神之罪。”苏格拉底被他所苦苦眷恋的城邦处死。欧里庇得斯在他的悲剧中这样谴责雅典人：“你们已经扼杀了缪斯的全知的和无罪的夜莺。”

苏格拉底死于第95届奥林匹亚赛会的第一年（公元前399年），那时他69岁；这是伯罗奔尼撒战争结束后第一届奥林匹亚赛会的时间，是伯里克里死后29年，亚历山大出生之前44年。他经历了雅典全盛和开始衰落的时期；他体验了雅典繁荣的顶点和不幸的开始。

苏格拉底是各类美德的典型：智慧、谦逊、俭约、有节制、公正、勇敢、坚忍、坚持正义、不贪财、不追逐权力。苏格拉底是具有这些美德的一个人，一个恬静的、虔诚的道德形象。他对于金钱的冷淡是完全出于他自己的决定，因为根据当时的习惯，他教授学生是可以像其他教师一样收费的。他把哲学从天上带到了地上，带

▼苏格拉底之死 1787年 雅克-路易·达维特 法国
苏格拉底因坚持自己的信念将被判处鸩刑，但他神色安然，面无惧色。他手指更高的天国，表明那是他的最终归宿。

①柏拉图著：《申辩篇》。生平部分参阅：罗素的《西方哲学史》上卷，商务印书馆1980年版；黑格尔的《哲学史讲演录》第1卷，商务印书馆1959年版。

美学辞典

美：希腊语的相当于英语的beauty and good（virtue，good），无论是汉语还是英语，都很难用一个词对译它。兼有美和善的意思。既指形体的美，又指好的德性。毕达哥拉斯学派也用以指数目6。我国的甲骨文中，就已经有了“美”字。《说文解字》中作如下解释：“美，甘也。从羊从大。在六畜主给膳也。美与善同意。”

到了家庭中和市场上，带到了人们的日常生活中。

美德即知识

苏格拉底提出了“美德就是知识”的著名命题。正如亚里士多德所说：“苏格拉底不研究物理世界，而研究伦理世界，在这个领域里寻求普遍性，第一个提出了定义的问题。”①

苏格拉底认为无人自愿为恶，一切不正当的行为都是由无知所致。正如黑格尔所说，苏格拉底的哲学和他研讨哲学的方式是他的生活方式的一部分。他的生活和他的哲学是一回事。

苏格拉底的妻子是一个有名的悍妇，常常无故滋事，无事生非，邻人无不嫌恶。即使是苏格拉底的儿子都不能忍受其母亲的坏脾气，声称宁愿与野兽生活在一起，也不愿意看到自己的母亲。而苏格拉底却能与她耐心相处，并教导儿子说，这样的环境有助于培养涵养，而且是因为其母亲没有认识到为母亲和妻子的义务，儿子也没有认识到自己作为儿子的职责。他认为爱美德是人的天性。只要人们能够认识到自己行为的错误，人们就会像吐唾液一样把自己的错误抛弃掉。所以苏格拉底说，没有经过思考的生活是不值得过的生活。认为通过理性的思考就能获得知识，就能认识到美德。

他的哲学活动绝不是脱离现实而退避到自由的纯粹的思想领域中去的。产生这种同外部生活联系的原因，是他的哲学不企图建立体系；他研讨哲学的方式本身毋宁说就包含了同日常生活的联系，而不像柏拉图那样脱离实际生活，脱离世间事务。

亚里士多德对苏格拉底的美德的定义、原则所作的批评如下：“苏格拉底关于美德的话说得比普罗泰戈拉好，但是也不是完全正确的，因为他把美德当成一种知识。这是不可能的。因为全部知识都与一种理由相结合，而理由只是存在于思维之中；因此他是把一切

①亚里士多德著：《形而上学》第16页，商务印书馆1962年版。

美德都放在识见（知识）里面。因此我们看到他抛弃了心灵的非逻辑的——感性的——方面，亦即欲望和习惯，而这也是属于美德的。欲望在这里不是情欲，而是心情的倾向、意愿。”①

正是基于这样的哲学基础，朱光潜先生认为前苏格拉底的哲学家都主要从自然科学的观点去看美学，要替美做自然科学的解释；到了苏格拉底才主要地从社会科学的观点去看美学问题，要替美找社会科学的解释。②

美即事物功用的发挥

“凡是我们用的东西如果被认为是美的和善的，都是从同一个观点——它们的功用去看的。”

◀色诺芬头像
古希腊历史学家和著作家，苏格拉底的弟子。

据色诺芬在《回忆苏格拉底》中记载，苏格拉底和阿里斯提普斯有一段关于美的对话。

阿里斯提普斯问道：“你知不知道什么东西是美的？”

苏格拉底回答道：“美的东西有很多。”

“那么，他们都是彼此一样的吗？”阿里斯提普斯问。

“不然，有些东西彼此极不一样。”苏格拉底回答。

“可是，美的东西怎么能和美的东西不一样呢？”阿里斯提普斯问道。

“这个很自然呀，”苏格拉底回答道，“这是因为，美的摔跤者不同于美的赛跑者；美的防御用的圆盾牌和美的便于猛力迅速投掷的标枪也极不一样的。”

…………

“难道你以为，”苏格拉底回答道，“好是一回事，美是另一回事吗？难道你不知道，对同一事物来说，所有的东西都是既美又好的吗？首先德行就不是对某一些东西来说是好的，而对另一些东西

①黑格尔著：《哲学史讲演录》第1卷，商务印书馆1959年版。
②《朱光潜全集》第6卷第52页，安徽教育出版社1990年版。

来说才是美的。同样，对同一事物来说，人也是既美又好的；人的身体，对同一事物来说，也显得既美又好。而且，凡人所有的东西，对他们所使用的事物来说，都是既美又好的。”

“那么，一个粪筐也是美的了？”

“当然了，而且，即使是金盾牌也是丑的，如果对于其各自的用处来说，前者做得好而后者做得不好的话。”

“难道你是说，同一事物是既美而又丑的吗？”

“的确，我是这么说——既好又不好。因为一桩东西对饥饿来说是好的，对热病来说就不好。对赛跑来说是美的东西，对摔跤来说往往可能就是丑的，因为一切事物，对它们所适合的东西来说，都是既美又好的，而对于它们不适合的东西，则既丑又不好。”①

苏格拉底认为美是相对的，没有永恒绝对的美。美就是适用。每一件东西对于它的目的服务得很好，就是善的和美的，服务得不好，则是恶的和丑的。在这里苏格拉底从目的论的角度给美下了定义。

美是正义的行为

与看待事物的角度一样，苏格拉底也是从善或者是说目的论的角度来看待人的美。在这里，美不是指一种正义的思想，而是指正义的行为。而这个正义的意思就是适合的、发挥其自己功用的意思。一个人只有充分地实现了自己，就是一个充分地发挥了功用的人，也就是个具有善的人，也就是个美丽的人。苏格拉底讲了一个故事来说明：美就是正义的行为。

一天，伊斯霍马霍斯看到妻子脸上擦了浓重的粉，抹着鲜红的胭脂，脚上穿了高跟鞋，心里非常不舒服，他就走到妻子的面前，微笑着对妻子说：亲爱的，你要知道，我是从心里不愿意看到你抹着白粉和胭脂的脸，而更喜欢看到你真正的肤色。这就像是马爱马，牛爱牛，羊爱羊一样，人类也认为不加伪装的人体是最可爱的。像这样无聊的装饰，也许可以用来欺骗外人，但是生活在一起的人如果打算互相欺骗，那一定会露出真相的。

苏格拉底并不否认人的外表美，他认为外表美不是经过修饰出

---

①色诺芬著，吴永泉译：《回忆苏格拉底》第120～124页，商务印书馆1984年版。

来的，而是从一定的生产和生活实践中锻炼出来的，认为只有从事了正义的行为的人才是美的。

妻子问伊斯霍马霍斯：亲爱的夫君，你认为怎样才能使我更美呢？伊斯霍马霍斯回答：神保佑你成为一个女主人，不要像奴隶那样整天总是坐着，应该时常站在织布机前面，准备指导那些技术不如你的人，并向比你强的人学习；要照管烤面包的女仆；要帮助管家妇分配口粮；要四处查看各种东西是不是放得各得其所；和面揉面团，抖弄和折叠斗篷与被褥乃是最好的运动。这些运动，既能增进你的食欲，增强体质，又能够增加脸上的血色，使你变得更加美丽动人。①

苏格拉底首先是个伦理学家，他总是从社会效益的角度来看待美和艺术的。他是早期希腊美学思想转变的关键。他把注意的中心由自然界转到社会，美学也转变成为社会科学的一个组成部分。它从社会的观点指出美的评价标准在于对于人的效用。根据效用，他看出美的相对性。从此美就与善密切地联系在一起，而美学与伦理学和政治学也就密切地联系在一起了。②

▶**德尔菲考古遗址**
苏格拉底曾在此处聆听神谕。

---

①色诺芬著：《经济论》第52页，商务印书馆1961年版。
②《朱光潜全集》第6卷第54页，安徽教育出版社1990年版。

美学体系的构建

——柏拉图（公元前427～前347年）

在古希腊，曾经有一个美丽的传说：有一天晚上，苏格拉底做了一个梦，梦见自己的膝上飞来了一只天鹅。在古希腊神话里，天鹅是太阳神阿波罗的神鸟。这只天鹅很快长出了羽翼，唱着嘹亮美妙的歌，飞向了天空。第二天，就有一位青年来向苏格拉底拜师求学，这个青年就是后来的有“西方思想之父”之誉的柏拉图。他的一生像一只在人类智慧的天空中展翅飞翔的天鹅，给人类带来了理性的光辉。①

柏拉图（公元前427～前347年）原名叫阿里斯托克勒，后来他的体育老师鉴于他体魄强健而前额宽阔，让他取名为柏拉图（在希腊语中，Plato一词是“平坦、宽阔”的意思）。

他生于雅典，父母为名门望族之后。母亲系梭伦家族，是梭伦的第六代后裔。据说他的生日与希腊神话中的太阳神阿波罗相同。当他还是吃奶的孩子的时候，一次，蜜蜂用蜜来喂养了他。这预示着他有杰出的口才，正如荷马所说：“谈吐比蜂蜜还要甘甜。”

柏拉图著述颇丰。以他的名义流传下来的著作有40多篇，另有13封书信。其中有24篇和4封

◀柏拉图像

柏拉图的对话录是有史以来最优美的希腊散文，既是艺术作品，也是哲学著作，并且其中也体现了他的美学思想。

①第欧根尼·拉尔修著：《著名哲学家的生平和学说》第3卷。

▲表现希腊音乐教育的陶画

柏拉图在《理想国》中强调了教育的重要作用，尤其是美育的重要影响。他主张美育与德育应统一，是德、智、体、美全面发展人的思想的萌芽。

书信被确定为真品。柏拉图的著作大多是用对话体裁写成的。朱光潜先生说：“在柏拉图的手里，对话体运用得特别的灵活，向来不从抽象概念出发而从具体事例出发，生动鲜明，以浅喻深，由近及远，去伪存真，层层深入，使人不但看到思想的最后成就或结论，而且看到活的思想的辩证发展过程。柏拉图树立了这种对话体的典范……柏拉图的对话是希腊文学中一个卓越的贡献。”[①]

他早年喜爱文学，写过诗歌和悲剧，并且对政治感兴趣，20岁左右同苏格拉底交往后，醉心于哲学研究。苏格拉底之死，使他对现存的政体完全失望，于是离开雅典到埃及、西西里等地游历，时间长达十多年。公元前387年，已届不惑之年的柏拉图回到雅典，在城外西北角一座为纪念希腊英雄阿卡德美而设的花园和运动场附近创立了自己的学校。这是西方最早的高等学府，后世的高等学术机构就因此而得名。学园门口写着：“不懂几何学者不得入内。”柏拉图在自己的学园里，聚徒讲学，穷究宇宙真谛。柏拉图学园中有女神雅典娜、把天火偷到人间的普罗米修斯的圣殿。直到公元529年被查士丁尼大帝关闭为止，学园维持达九百多年。从希腊历史记述中可以看到，当时希腊半岛上到处种植着葡萄、橄榄树和无花果，可以想象，当初学园里定是林木葱茏、花果飘香，犹如一个大花园。当这些思想巨子们徜徉悠游于丛林之间，驰骋遨游于精神王国之时，西方文化的胚胎实际上已经孕育于他们的心灵之中。

① 《朱光潜全集》第6卷第56页，安徽教育出版社1990年版。

柏拉图一生都对政治抱有很高的热情。他创立学园的目的既是为了学术，也是为了实现他的政治理想——“除非真正的哲学家获得政治权力，或者城邦中拥有权力的人，由于某种奇迹，变成了真正的哲学家，否则，人类中的罪恶将永远不会停止”。针对当时的社会政治状况，柏拉图不仅勾勒出一幅改造现实的理想国家蓝图，而且三赴西西里，企图将这一理想付诸现实，要实现哲学和政治的联姻，产生“哲学王”，但是都以失败告终。但是，“人们可以说西方的思想或者柏拉图，或者是反柏拉图的，可是在任何时候都不是非柏拉图的。”①

美是什么

▲美神维纳斯

柏拉图在他的对话《大希庇亚篇》中，借着苏格拉底之口专门讨论了美的实在性、美的本质、审美快感等一系列重大的美学问题。这是西方美学史上第一篇专门讨论美学问题的文献。希庇亚来自伯罗奔尼撒半岛，是一个著名的智者。全篇对话集中讨论了七个美的定义，但是最后都被苏格拉底给否定了。

第一个定义：“一个美的少女就是美”

这种观点认为，美是具有美的具体属性的事物。认为美就是美的少女、母马、竖琴、汤罐等。而柏拉图认为美是一种可以称为美本身的东西。它加到任何一件事物上，就使那件事物成其为美，不管它是一块石头，一块木头，一个人，一个神，一个动作，还是一门学问。美和美的东西是两码事情，不能混为一谈，美的东西是相对的，而美是绝对的。正如赫拉克利特所说：最美的猴子比起人来也是丑的。以此类推，最美的少女比起神也是丑的。苏格拉底要寻找的是美本身，这种美自身把它的理念加到一件东西上，才使那件东西被称为美。

第二个定义：黄金就是这种美

希庇亚针对苏格拉底的反驳，提出第二个美的定义。

①转引自汪子嵩等著：《希腊哲学史》第2卷第596页，人民出版社1988年版。

要是把某种东西加到另一种东西，才使得那种东西成为美的话，那黄金正是这样的事物，所以黄金就是这种美。苏格拉底从两个方面反驳了这个观点。镶了黄金的东西并不一定都美，而很多美的东西都与黄金无关。用象牙雕刻的雅典娜也是美的，自然界的石头也是美的，而且就喝汤来讲，实用的木汤匙也比不实用的金汤匙要美。可见美也不是黄金，不是任何能使事物显得美的质料或形式。

第三个定义：美就是一种物质上或者是精神上的满足

希庇亚又说："对于一个人，无论古今，一个凡人所能有的最高的美就是家里钱多，身体好，全希腊人都尊敬，长命到老，自己给父母举行过隆重的葬礼，死后又由子女替自己举行隆重的葬礼。"苏格拉底驳斥道：我要问的是美自身，这种美自身是超越时空的永恒美，是现在是美的，过去也是美的。征讨特洛伊的希腊英雄阿喀琉斯，就不曾随着祖先葬于自己的城邦。物质和精神上的享受总是短暂的，不断变化的，而美却是永恒的。

第四个定义：美就是有用、恰当、有益的

苏格拉底本人就持这样的观点。但是柏拉图在这里借着自己老师之口，驳斥了这样的观点。质朴无华的木汤匙比晶莹华贵的金汤匙更美，因为木汤匙更恰当、有用、有益。按照这种功利主义的观点，人们宁肯去欣赏一个顶用的粪筐，而不愿意去观看五颜六色的悲剧演出了。而且，如果说美是有用、恰当、有益，那么，对坏人恰当、有用、有益，或者坏人认为恰当、有用、有益，是否可以称之为美呢？显然不是这样。美和善不是一回事，不可能用善来给美下定义。美不是善，善也不是美。

▼**公元前8世纪古希腊象牙王座**
此为修复的象牙王座，上附有金箔。可以说象牙王座是既美而又实用的。

第五个定义：美就是由视觉和听觉产生的快感

希庇亚又提出美就是由视觉和听觉产生的快感。苏格拉底反驳道：的确，美而不引起快感是不可能的，而美所引起的快感大多是借助了视觉和听觉两种器官的。我们欣赏绘画、舞蹈、雕塑就少不了视觉，欣赏音乐、戏曲、诗歌又离不开听觉。但是能否把美与视觉、听觉的快感等同起来呢？显然不能，理由是：第一，有些美，比如习俗、制度的美，并不是纯粹由视觉、味觉、听觉引起的快感。第二，如果美就是快感本身，那么触觉、味觉、嗅觉同样能引起快感，为什么不可以叫做美呢？第三，视觉和听觉两种官能，它们引起的是两种不同的快感，既然如此，其中任何一种快感都不能说是与美同一的。美应该是件具有这两种快感的一种性质。①

> **美学辞典**
>
> 艺术：这个词来源于希腊文，英语中的technique也是来源于这个词。在古希腊，凡是可凭专门知识学会的工作都叫艺术，音乐、雕刻、绘画、诗歌之类是艺术；手工业、农业、骑射、烹饪也是艺术。

经过这么讨论，最后得出结论：什么是美是难被定义的。

正如歌德所说：美是费解的，它是一种犹豫的、游离的、闪耀的影子，它总是躲避着被定义所掌握。但是，柏拉图“美本身”概念的提出，把美的探讨从感性领域推进到概念和超验领域，标志着美学史上新的里程碑——本体论美学的萌生。

美是理式

为了摆脱赫拉克利特的美的相对论所造成的困惑，寻找美自身——一种永恒的美，柏拉图四处求教，接触到智者派的学说。智者派认为人是万物的尺度，依据智者的说法，真、善、美就没有客观的标准了，谁都可以宣布发现真、善、美了。这显然不能满足柏拉图的需要。后来，柏拉图又向巴门尼德求教。巴门尼德认为，世界万物变动不居，不可捉摸，这个是非存在，必定有一个本原的、纯然的、恒定的世界，这个才是真正的存在，真理只能在这里存在。巴门尼德借正义女神之口，指出了真理之路和意见之路的区分：意见之路按众人的习惯认识感觉对象，“以茫然的眼睛、轰鸣的耳朵和舌头为准绳”；真理之路则用理智来进行辩论。

---

①阎国忠著：《古希腊罗马美学》第79～82页，北京大学出版社1983年版。

“真理”和“意见”是希腊哲学一对重要概念，从巴门尼德最初所作的区分来看，两者不仅仅是两种认识能力，即理智和感觉的区分，而且是与这两种认识能力相对应的两种认识对象的区分：真理之路通往“圆满的”、“不动摇的中心”，而意见却“不真实可靠”。[①] 柏拉图深受启发，提出自己的美是理式(idea)学说。[②]

柏拉图的美是理式说可以概括为以下几点：

第一，美的本质不在自然事物，而在理式（如和谐、智慧、至善至美等），理式是自存自在的，因此是永远没有变异和发展的。事物的美是由于理式的参与所形成的。

第二，理式因为其所包含的内容的外延不同，分成许多层次，美也有很多等级。最高的理式是至善至美，它所体现出来的美是绝对的美。最低级的理式只能微弱地看出某种低级理式的事物美，还有很多美是介乎它们二者之间的，比如心灵美、制度美等。

第三，绝对美事实上是美的本体，是美的最完全体现，至美也是至善。[③]“这种美是永恒的，无始无终、不生不灭、不增不减的。它不是在此点美，在另一点丑；在此时美，在另一时不美；在此方面美，在另一方面丑；它也不是随人而异，对某些人美，对另一些人就丑。还不仅如此，这种美并不是表现于某一篇文章，某一个学

▼这是19世纪比利时象征主义画家尚·德维的作品，描绘了柏拉图大约在公元前386年创办了著名的雅典学院，向希腊的年轻人传授有关真理和美学的课程。

①赵敦华著：《西方哲学简史》第二章，北京大学出版社。

②idea这个词，国内通常翻译成理念，朱光潜先生认为柏拉图的这个idea和黑格尔的idea不同，主张翻译成理式。陈康翻译成相。本书采用美学中的通常译法——理式。

③《朱光潜全集》第12卷第109页，安徽教育出版社1991年版。

“美的东西之所以是美的，乃是由于美本身。”

——柏拉图

问，或是任何某一种个别物体，例如动物、大地或者是天空之类；它只有永恒地自存自在，以形式的整一永远与它自身同一；一切美的事物都以它为源，有了它，一切美的事物才成其为美，但是那些美德事物时而生，时而灭，而它却毫不因之有所增，有所减。”①

柏拉图所谓的理式是真实世界的根本原则，原有“范形”的意义。如一个“模范”可以铸出无数器物。例如“人之所以为人”就是一个理式，一切个别的人都是从这个“范”得他的“形”，所以全是这个“理式”的摹本。最高的理式是真、善、美。理式近似佛家所谓的“共相”，似“概念”而非“概念”；“概念”是理智分析综合的结果；“理式”则是纯粹的客观的存在。②

▼从他的那个时代到现在，一直有各种各样表现柏拉图的画像。这幅壁画绘于16世纪的罗马尼亚修道院，柏拉图（中）与数学家毕达哥拉斯、雅典伟大的改革家和执政官梭伦在一起。

①柏拉图著，朱光潜译：《文艺对话集》第76页，人民文学出版社1980年版。
②阎国忠著：《古希腊罗马美学》第88页，北京大学出版社1983年版。

美学辞典

理式：希腊文理式（idea，eidos）一词出于动词观看（idein），即可见的东西，后来比喻为心灵之眼所看见的东西。柏拉图认为，人有感觉和理智两种能力，它们所指向的对象也有两种，即有着两类不同的存在，一类是理式，另一类是和它们同名的具体事物。理式作为永恒、单一、不动的绝对存在，与暂时、复合、变动不居的可感事物之间有着不可逾越的鸿沟。理式是可感事物的依据，理式与可感的个别事物之间是本原与派生、原型与摹本的关系。柏拉图进而提出“分有”（metecho）与“摹仿”（mimeomai）说来解释这种关系是如何可能的。

艺术是摹仿

“从荷马起，一切诗人都只是摹仿者，无论是摹仿德行，或是摹仿他们所写的一切题材，都只是得到了影像，并不曾抓住真理。”[①]艺术即摹仿是古希腊的传统看法。

柏拉图以它的哲学理式论和审美回忆说为基础，认为艺术是对现实的摹仿，然而现实又是对理式的摹仿。在柏拉图心中有三种世界，理式世界、感性的现实世界和艺术世界。艺术世界是由摹仿现实世界来的，现实世界又是摹仿理式世界来的，这后两种世界同是感性的，都不能独立存在。只有理式世界才能独立存在。例如：床有三种，第一是床之所以为床的那个床的理式；其次是木匠按照床的理式所制造出来的个别的床；第三是画家摹仿个别的床所画出的床。这三种床之中只有床的理式是永恒不变的，为一切个别的床所依据，只有它才是真实的。木匠制造出的个别的床，虽然是根据床的理式，却只摹仿床的某些方面，受到时间、空间、材料、用途等种种限制。这个感性的床是没有永恒性和普遍性的，所以也是不真实的，只是一种摹本或幻象。至于画家所画的床虽然是根据木匠的床，但是摹仿的却只是从某个角度看的床的外形，不是床的实体，所以更不真实，只能是摹本的摹本，影子的影子，和真理隔着三层。[②]

柏拉图对艺术持否定态度，认为艺术渎神，给人的放任和纵情提供机会和理由，要把那些摹仿诗人和艺术家从他的理想国里驱逐出去。另一方面，鼓励和管理那些生产有益于儿童和青年的艺术

①柏拉图著，朱光潜译：《文艺对话集》第272页，人民文学出版社1980年版。
②《朱光潜全集》第6卷第60页，安徽教育出版社1990年版。

家。其实在柏拉图心中，艺术应该为他的理想国服务，这与他的哲学观点分不开。他认为人生的最高理想是对最高的、永恒的理式或真理的凝神观照，这种真理才是最高的美，是没有感性形象的美，观照时的无限喜悦便是最高的美感。所谓的以美为对象的学问并不是现代意义上的美学，在这里，美与真同义，所以它是哲学。但是，正如鲍桑葵所说："在柏拉图的著作中，我们既可以看到希腊人关于美的理论的完备体系，同时也可以看到注定要打破这一体系的一些观念。"①

古希腊美学的集大成者

——亚里士多德（公元前384～前322年）

▲**亚里士多德像**
亚里士多德美学思想的影响之大超越了时代和流派，他的《诗学》被认为是西方美学重要的奠基之作。

最博学的人——亚里士多德（公元前384～前322年）出生于色雷斯地区的斯塔吉拉城，父亲为马其顿国王的宫廷医生。受父亲的影响，他从小就对医学、解剖学、生物学很感兴趣。

公元前367年仲夏的一天，一个态度温和、举止文雅、彬彬有礼的富家贵族青年来到雅典柏拉图学园，拜柏拉图为师。这位年仅17岁的青年上知天文，下知地理，博古通今，才华横溢。他就是后来对欧洲文化产生深远影响的大思想家亚里士多德。

在柏拉图学园，亚里士多德一学就是20年，被誉为"学园的精英"，直到柏拉图死后，才离开雅典。公元前343年，马其顿国王腓立慕亚里士多德之名，邀请他去担任时年13岁的王子亚历山大的老师。腓立在给亚里士多德的信中说："我有一个儿子，但我感谢神灵赐我儿子，还不若我感谢他们让他生于你的时

①鲍桑葵著，张今译：《美学史》第63页，商务印书馆1985年版。

代。我希望你的关怀和智慧将使他配上我，并无负于他未来的王国。”七年之后，亚历山大即位。亚历山大大帝保持着对亚里士多德的尊重，在东征的繁忙军务之中，仍不忘为亚里士多德搜集植物标本，差遣上千名奴隶为他的科学研究服务。

公元前335年，他回到雅典，在阿波罗吕克昂神庙附近建立吕克昂学园。他习惯在一条林中小道上一边散步，一边与学生们讨论他的三段论，“我们希腊人有个很有趣的谚语：如果你的钱包在你的口袋里，而你的钱又在你的钱包里，那么，你的钱肯定在你的口袋里，这不正是一个非常完整的‘三段论’吗”。人们通常把亚里士多德开创的学派称为逍遥派。正如他所说：“智慧并没有跟随柏拉图一起死去。”从此开始了他用知识征服世界的生涯。

亚历山大大帝十分尊敬他的老师，他说：“生我身者是父母，生我智慧者是亚里士多德。”他大力支持亚里士多德办学，提供经费，让亚里士多德进行科学研究。亚里士多德在学园里创建了欧洲第一个图书馆，其中珍藏了许多自然科学和法律方面的书籍。亚历山大还命令全国的猎人、园丁和渔夫，都必须贡献出亚里士多德所需要的动、植物标本。亚里士多德在生物学领域内的最大贡献是在对动物所作的观察和分类上。亚里士多德创建了许多哲学和科学的术语，我们今天谈科学时几乎仍离不开他所发明的专门术语，如格言、范畴、能力、动机、终点、原理、形式、逻辑等。

▲彩陶
上面描绘的是人们想象中哲学大师柏拉图和他的学生亚里士多德之间对话的情景。

亚里士多德一生写过400部著作，虽然已遗失不少，但保留下来的书仍然非常丰富。他的著作涉及政治学、物理学、医学、心理学、逻辑学、伦理学、历史学、天文学、数学、生物学、戏剧学、诗学等方面。亚里士多德集中古代知识于一身，在他死后几百年中，没有一个人像他那样对知识有过系统考察和全面掌握。他的著作是古代的百科全书。恩格斯称他是“最博学的人”。1923年，英国著名哲学家、亚里士多德学者罗斯先生说：“亚里士多德思想的真谛已成为所有受过教育的人的文化遗产的一部分，并且是相当大的一部分。”

▼**雅典学园**

此壁画是拉斐尔为梵蒂冈教皇宫殿所绘。图中柏拉图和亚里士多德师徒正在门厅闲谈，其他不同地域和不同学派的著名学者在自由地讨论。画面以柏拉图与亚里士多德为中心，而这师生二人同是历史上最伟大的思想家。

公元前323年夏天，亚历山大大帝在巴比伦病逝。雅典人反马其顿情绪激昂，殃及亚里士多德，他的学说也被指控犯有“不敬神”的罪名。他说，为了不让雅典人再犯“反哲学”的罪（指雅典人宣判苏格拉底死刑），他宁愿离开。亚里士多德的学生及时得到消息，帮助护送他们的老师，逃出雅典，来到亚里士多德的故乡优卑斯亚岛的卡尔喀斯城避难。第二年夏天，这位伟大的思想家、哲学家在凄凉的境遇中死去，时年63岁。

吾爱我师，但吾更爱真理

亚里士多德对其师柏拉图充满崇敬之情，在悼念诗文中写道：“对于这样一个奇特的人，坏人连赞扬他的权利也没有，他们的嘴里道不出他的名字。正是他，第一次用语言和行动证明，有德性的人就是幸福的人，我们之中无人能与他媲美。”虽然如此，亚里士多德不盲目崇拜老师。他有一句名言：“吾爱我师，但吾更爱真理。”

亚里士多德出于对事实的尊重和力求简明透彻的理解，他发现柏拉图的理念论存在着矛盾和混乱。按照柏拉图的看法，理念是事物的本质，每一类共同的事物都有一个理念，理念因此也是事物的共性。理念是与具体事务相分离的，是独立于具体事务的。在具体事务之外又形成了一个理念的世界。这样就会出现一个逻辑困难。

美学辞典

摹仿，它有两种含义：一是指表现或表象（represent）；二是通常英译imitate，又是对外部现象的摹本。摹仿一词已经覆盖了“制作”和“技艺”的两个领域：艺术的领域和生产的领域。摹仿是用摹本摹仿原型的一种活动。亚里士多德说的摹仿，是一个特定美学范畴，不同于手工艺作品摹仿自然，而是指诗中表现人和人的生活。诗Poetry来自希腊单词，制作，创造之意。poietes，制作者，诗人；poiema，制成品，作品，具体的诗作；poiesis，对poietike的实施，制作，制作科学。又据考证，自公元前5世纪起，人们开始用poiesis指诗。在希腊人的观念中，诗不是“写”出来的，而是“制作”出来的。

比如，现实中的苏格拉底，理念世界中还有一个苏格拉底的理念存在，现实中的苏格拉底会老、会死的，但是理念中的苏格拉底是不死的。如果我们想认知苏格拉底的本质，那么在现实中的苏格拉底是分有了理念中的苏格拉底。在这个理念和具体的苏格拉底之间有一个第三人，以此类推，这样就会陷入无穷的倒退之中，而这个是矛盾的。这样，亚里士多德就对自己的老师进行了批判，提出自己的哲学观点：认为一般就在个体之中，一般是不能脱离开具体事物而存在的。这样亚里士多德就为其美学理论奠定了一个哲学基础。作为一般的美是不能脱离具体的、现实的事物而独立存在，美应该是事物的属性，并存在于具体事物的本性之中。事物的美，就在于它本身具有美的特征。

亚里士多德认为的美是秩序、匀称与明确，即事物的整一性。“一个美的事物——一个活东西或一个由某些部分组成之物，不但它的各部分应有一定的安排，而且它的体积也应有一定的大小；因为美要依据体积与安排，一个非常小的东西不能美；因为我们的观察处于不可感知的时间内，以致模糊不清；一个非常大的活东西，例如一个一千里长的活东西，也不能美，因为不能一览而尽，看不出它的整一性。”[①]美也就是整一性。一个完善的整体之中各个部分须紧密结合起来，如果任何一部分被删去或

▼亚里士多德的作品在当时很快就传遍了整个地中海世界，这是在纸草纸上保存下来的唯一的手稿的一页。

①转引，参见章启群著：《新编西方美学史》第119页，商务印书馆2004年版。

▼**伊阿宋雕像**
青年伊阿宋是美狄亚心中的至爱，他的形象其实是凡人中的阿波罗，俊美和神武相交融。

“美是比任何语言都有力的推荐信。”
——亚里士多德

移动位置，就会拆散整体。因为一件东西既然可有可无，就不是整体的真正部分。“秩序、匀称和明确就是整一性。”整一性是美的事物的标志，也是艺术作品的标志。“美与不美，艺术作品与现实事物，分别就在于美的东西和艺术品里，原来零散的因素结合成为统一体。”

亚里士多德的诗学就是研究文艺的美学，是他的哲学的有机组成部分。他把学问做了分门别类的研究，将美学作为一门独立的学问，归入他称为的“创制知识”。诗即是艺术创造，艺术属于创制的知识，它不同于理论知识和实践知识，是以塑造形象的方式再现特殊事物，从中显示普遍的活动、情感和意义的。

“美是善并因善而令人愉悦的东西。”但是美又不同于善。美非同利益相关而且具有超出日常行为的、变化事物的某种确定、普遍的意义。[①]亚里士多德说：显而易见，诗人的职责不在于描述已发生的事，而在于描述可能发生的事情，即按照可然律或必然律可能发生的事。历史学家与诗人的差别不在于一用散文，一用韵文；希罗多德的著作可以改写成韵文，但仍然是一种历史，有没有韵律都是一个样。两者的差别在于一叙述已发生的事，一描述可能发生的事情。因此诗歌所描述的活动比写历史更富于哲学意味，更被严肃对待；因此诗歌所描述的事物带有普遍性，历史则叙述个别的事。

亚里士多德认为艺术产生于摹仿。他认为人天生有摹仿的本能，人固有音调感、节奏感等美感能力。亚里士多德没有像他的老师柏拉图那样认为诗是来自于灵感，他认为摹仿是人的一种求知能力，正是由于这一点，人和其他动物区别开来。摹仿不是依葫芦画

①汪子嵩等著：《希腊哲学史》第3卷第1160页，人民出版社2003年版。

瓢，照猫画虎和猴子学人那样，不是一种消极直观的映象，而是一种对普遍性和必然性的揭示，是发现事物的真理和本质的活动。

希腊哲学家对艺术中的摹仿，有着不同的解释和界定。毕达哥拉斯认为美是对数的摹仿；苏格拉底说绘画、雕刻之类的艺术不但摹仿美的形象，而且可以借形象摹仿人的情感、性格。柏拉图认为摹仿是分有理念。而亚里士多德认为："一般说来，诗的起源仿佛有两个原因，都是出于人的天性。人从孩提的时候起就有摹仿的本能（人和禽兽的分别之一，就在于人最善于摹仿，他们最初的知识就是从摹仿得来的），人对于摹仿的作品总是感到快感。经验证明了这样一点：事物本身看上去尽管引起痛感，但惟妙惟肖的图像看上去却能引起我们的快感，例如尸首或最可鄙的动物形象（其原因也是由于求知不仅对哲学是最快乐的事，对一般人亦然，只是一般人求知的能力比较薄弱罢了。我们看见那些图像所以感到快感，就因为我们一面看，一面在求知，断定每一事物是某一事物，比方说，这就是那个事物。假如我们从来没有看见过所摹仿的对象，那么我们的快感就不是由于摹仿的作品，而是由于技巧或着色或类似的原因）。摹仿出于我们的天性，而音调感和节奏感（至于韵文则显然是节奏的段落）也是出于我们的天性，起初那些天生就富于这种资质的人，使它一步步发展，后来就由临时口占而做出诗歌。"[①]

美学辞典

净化（Catharsis）：开始是宗教术语，来自奥尔弗斯教，意思是"净罪"。把灵魂从肉体的禁锢中解脱出来称为净化。智者派哲学家高尔吉亚最早在美学意义上使用了净化一词。又是医学术语，在希波克拉底学派的医学著作中，这个词指"宣泄"，即借助自然力或药力将有害之物排出体外。

悲剧——净化人们怜悯与恐惧的情绪

亚里士多德说："悲剧是对一个严肃、完整、有一定长度的行动的摹仿；它的媒介是语言，具有各种悦耳之音，分别在剧的各部分使用；摹仿的方式是借人物的动作来表达，而不是采用叙述法，借引起怜悯与恐惧来使这种情感得到陶冶。"这就是说，首先，悲剧的摹仿不是像绘画、雕刻、音乐那样是对姿态、颜色、声音的摹仿，而是对动作的摹仿。虽然性格是人物的品质的决定因素，悲剧中没有行动则不成为悲剧，但是没有性格，仍然不失为悲剧。在这种摹

①亚里士多德著：《诗学》第11页，人民文学出版社1962年版。

仿的行动中，悲剧就可以以直观的形式诉诸人们的感官，也就是说，即使是摹仿众神，也要把它们打扮成观众感官所能直接感受的样子。其次，悲剧是对严肃的行动的摹仿。“摹仿者所摹仿的对象既然是在行动中的人，而这种人又必然是好人或坏人——只有这种人才具有品格。一切人的品格都只有善和恶的差别。”①

悲剧主人公的性格必须是善良的、高贵的，因为悲剧是摹仿好人，喜剧是摹仿坏人。这样，一个人遭受不应遭受的厄运才能引起观众的怜悯之情。要是单纯的恐惧或者可怜，不会引起悲剧所特有的恐惧和怜悯之情。因为主人公自身是高尚的，而又比一般人陷入了不应有的厄运，这样不能不使我们感到可怜；同时他的行动是悲惨的，又不能不使我们感到恐惧。人们正是在这种怜悯和恐惧交错而生的激情中才体会到悲剧作品的严肃性，才能使情感得到净化和陶冶。

“恐惧是由这个遭受厄运的人与我们相似而引起的。”这就是说，悲剧主人公的性格必须与我们平常人相似，应该与我们普通人的性格和习性相近，“这样的人不十分善良，也不十分公正，而他之所以陷入厄运，不是由于他为非作恶，而是由于他犯了错误，这种人名声显赫，生活幸福，例如俄狄浦斯、提厄斯特斯以及出身于他们这样家族的著名人物。”再次，悲剧是借助动作来表达的。悲剧的成分一共有六种，就是情节、性格、言辞、思想、歌曲、形象。而情节，即动作，是悲剧的基础和灵魂。悲剧的好坏，主要看它的情节安排得是否成功。

亚里士多德认为悲剧是激起怜悯和恐惧，从而导致这种情绪的净化。什么是净化呢？亚里士多德举例说：“一些人沉溺于宗教狂热，当他们听到神圣庄严的旋律时，灵魂感受神秘的激动；我们看到圣乐的一种使灵魂恢复正常的效果，仿佛他们的灵魂得到

▲斯芬克司之谜陶瓶画

索福克勒斯的著名悲剧《俄狄浦斯王》首先展示了一个恐怖场面。聪明的俄狄浦斯在成功解开了斯芬克司之谜之后，得以娶底比斯寡后为妻，并成为那里的国王，悲剧也由此上演。

①亚里士多德著：《诗学》，人民文学出版社 1962 年版。

治愈和净洗。那些受怜悯、恐惧及各种情性影响的人，必定有相似的经验，而其他每个易受这些情感影响的人，都会以一种被净洗的样式，使他们的灵魂得到澄明和愉悦。这种净化的旋律同样给人类一种清纯的快乐。”

总之，无论是在宗教的“净罪”含义的基础上，还是在审美意义上，净化都是使观众淡化甚至忘却自己的日常存在，融于悲剧所提供的艺术经验之中，摆脱或宣泄不良的或不必要的情感沉积，以达到保持灵魂纯洁平静，起到灵魂和道德上的促进作用。

神才是美的来源

——普洛丁（公元204～270年）

新柏拉图主义的创始人普洛丁（公元204～270年）是古代伟大哲学家中的最后一个人。他的一生几乎是和罗马史上最多灾多难的一段时期相始终的。

那时形而上学隐退到幕后去了，个人的伦理变成了具有头等意义的东西。普洛丁为摆脱现实世界中的毁灭与悲惨的景象，转而去

◀普洛丁大理石棺雕像 梵蒂冈博物馆

普洛丁并不信奉基督教；但他的异教思想仍得到基督教认可。

“形式美是由分享一种来自神明的理式而得到的。”

——普洛丁

观照一个善与美的永恒世界。这个永恒的世界，对于基督教徒来说，即“另一个世界”——便是死后享有的天国；对柏拉图主义者来说，它就是永恒的理念世界，是与虚幻的现象世界相对立的真实世界。正是基于这样的世界观，普洛丁认为自己此时此地的存在是无关紧要的，所以他很不愿意谈到自己一生的历史事迹。

他说他生于埃及，青年时在亚历山大港求过学，他的老师就是通常被人认为是新柏拉图主义的创立人的安莫尼乌斯·萨卡斯。此后他参加了罗马皇帝高尔狄安第三对波斯人的远征，据说是意在研究东方的宗教。公元244年，他在美索不达米亚作战的时候，皇帝当时还是一个青年，不久就被军队谋杀了。于是普洛丁便放弃了自己的东征计划而定居于罗马，并且不久便在罗马开始教学。他在罗马的生活方式是很特别的，遵守着古代毕达哥拉学派的习惯，不吃荤，常常斋戒；还穿着古代毕达哥拉斯式的服装。他被各个阶层尊为公众的教师。普洛丁一直到49岁都没有写过什么东西；但是此后他写了很多东西。在死后，由其弟子波菲利汇编成六卷，每集九章，名为《九章集》，并根据各章内容加上标题。第六篇是论美。①

美学辞典

“神秘主义”：该词的英文是mysticism，出于拉丁文mysterium，掩盖的，不可解释的，这个词的词根意思就是“紧闭双眼”。在哲学上，神秘主义的目标是与神融为一体；神秘主义修行通常分为四个阶段进行，即涤欲、洁志、彻悟和神人交融。

普洛丁没有建立可以称之为“美学”的体系，但其思想中融入了对美和艺术的思考，这些思考构成了他的美学思想。其美学思想又依附于他的神秘主义哲学。

普洛丁认为“太一”，就是至善和神。太一是完满自足的统一体，因其完善而要流溢，就像太阳一样。太一创造出第二原理心智，心智是最高的存在，是理念的领域。心智因为完善发生第二次流溢，产生第三原理灵魂。第一灵魂或世界灵魂流溢出第二灵魂自然，第二灵魂与世界的躯体相结合，产生了分有的灵魂，就到了超感觉世界的最低界限。当个别的灵魂再进一步下降，就形成最不完善的东西即

①参见罗素著：《西方哲学史》（上），商务印书馆1980年版；黑格尔著：《哲学史讲演录》普洛丁部分，商务印书馆1959年版。

物质。这一过程也是太一的神派生出全体存在物的过程，太一的完善性呈梯级递减的方式，它流溢的最远界线是物质，物质位于存在与非存在的交界之处，太一的光辉最后消失在非存在的黑暗之中。神的完满性正如太阳的光辉一样，放射越远就越暗淡，以至变成黑暗无光。这个就是太一的下降之路，反之就是太一的上升之途。由于灵魂沾染了杂质，要依靠净化，回到出来的地方，归于完满的太一。

基于这样的哲学观点，普洛丁认为“神才是美的来源，凡是和美同类的事物也都是从神那里来的”。美有层次之分，由高到低是：神（最高的美）、心灵美、事物的美。

“人只有使自己神圣，才能欣赏到美。”——普洛丁

神之美是远居于事物美和心灵美之上的最高美。神或理式是真善美的统一体。“美也就是善”。“丑就是原始的恶”，心灵美是人之理性和品德之美，是比事物之美高而比神之美低的美。“心灵由理性而美，其他事物——例如行动和事业——之所以美，都是由于心灵在那些事物上印上它自己的形式。使物体能称为美的也是心灵。作为一种神圣的东西，作为美的一部分，心灵使自己所接触到而且同下注的一切东西都变成美的——美到它们所能达到的限度。”这里我们看到普洛丁已经接触到美是来自主观的。事物的美是由于“分享一种来自神明的理式而得到”。事物的美在于：“一件东西既化成为整一体了，美就安坐在那件东西上面，就使那东西各部分和全体都美。”①

正如普洛丁所说：美是由一种专为审美而设的心灵的功能去领会的。灵魂要领略那最高的美，实现上升也就是回归之途。“倘若你看见自己变成了这种光辉，你就会立刻变成你所见的景象，只有你相信自己，而你虽然身在尘世，其实已经升到上界，无需任何引路人，只要你凝神注视去观照。因为只有这种眼睛，才能观照那伟大的美。但是如果这眼睛蒙上了罪恶的污垢，不曾经过洗濯便去

①引文来自马奇编：《西方哲学原著选读》，上海人民出版社1987年版；《朱光潜全集》第6卷，安徽教育出版社1990年版；《西方美学家论美和美感》，商务印书馆1982年版。

观照，或者是软弱无力，不能注视那强烈的光芒，即使有人把可见的东西放在面前，它还是视而不见。因为必须是视觉主体近似或符合于视觉对象之后才能观照。如果眼睛还没有变成合乎太阳，它就看不见太阳，如果心灵还没有变得美，它就看不见美，所以，无论何人，如果有心要观照神和美，都要首先自己是神圣的和美的。”

普洛丁认为我们审美的最终就是要上升到太一（善、神）。什么人能达到那里呢？普洛丁认为是：哲学家，爱乐者和爱美者。哲学家喜欢这条路是出于本性，爱美者和爱乐者需要外在的引导，从而凭借感性美逐渐达到认识理性美、心智美、美的理念和神之美。从个别的美开始，一级一级逐步上升，直到普遍的美，最后直到美自身。

对于新柏拉图主义的奠基人普洛丁的美学思想的研究，国外学者评价不一。如鲍桑葵认为他是继柏拉图、亚里士多德之后的美学理论更加完整的美学家；文德尔班也肯定他是西方古代美学史上“第一次对形而上学美学的尝试”。普洛丁既是一个终结又是一个开端——就希腊人而言是一个终结，就基督教世界而言则是一个开端。

◀西斯廷圣母 拉斐尔 意大利

西斯廷圣母的美让我们感受到了审美的终极——神之美。画中圣母的形象体现了真、善、美的统一。

《诗艺》与《论崇高》

——贺拉斯(公元前65～前8年) 朗吉努斯(公元213～273年)

贺拉斯（公元前65～前8年）是古罗马的诗人和评论家。贺拉斯的父亲原来是奴隶，但是在贺拉斯出生以前获得了自由，他意志坚定，宁愿自己忍受生活的痛苦，让贺拉斯去读书，使得贺拉斯在罗马受到了当时最好的教育，不仅获得知识上的训练，而且在品德上也得到了砥砺。18岁那年，贺拉斯到雅典求学，在柏拉图学园所在地阿卡德美的园林中寻求真理，专修希腊语言文学和希腊哲学。

▲这是一幅表现恺撒被刺死的绘画。贺拉斯曾参加了反抗恺撒的军队，但他真正的事业不是战场，而是文艺理论和美学方面。

公元前44年，贺拉斯参加了反抗恺撒的军队，最后战败而从战场上逃走。他趁奥古斯都大赦之机回到了罗马。但是，他在国内的财产都被没收了。从此，他从战场走向了诗坛。

他的诗歌气势雄伟，流行于当时的诗坛，受到当时罗马的著名诗人维吉尔和瓦利乌斯的赏识，介绍给奥古斯都的主要政治顾问麦

▶公元前 1 世纪的缠丝玛瑙杯 古罗马

克那斯。当贺拉斯的《讽刺诗集》出版不久，麦克那斯赠给贺拉斯一所庄园。从此后，贺拉斯就作为麦克那斯庇护的文学团体的一名成员，安度宁静安逸的田园生活，生活优裕起来的他就和维吉尔、李维一样，用自己的作品来歌颂那个时代，成为当政者的歌手，一个“匍匐在奥古斯都跟前的正直的人”。

在公元前 20 年左右，贺拉斯就成为当时罗马帝国最伟大的诗人了。

为诗人们制订的法典

在古罗马由于受亚历山大里亚的影响，开始出现了长久统治西方的崇拜古典的风气。罗马人把古希腊人的成就看做是不可逾越的高峰。希腊人强调艺术是摹仿自然，罗马人也接受了这个现实主义的基本原则，强调摹仿希腊人。但是，不免有“取法乎上，仅得其中”之嫌。

另一方面，古罗马帝国无比庞大，由于现实需要的影响，最艰巨的任务是维持统一的政权。这就迫使他们从事军事、交通、水利、建筑之类的实际工作。他们没有余力，也没有需要，在哲学和文艺方面独自开辟一个新天地。因为罗马帝国和古希腊一样，几乎同样的社会成分构成，顺理成章地接受古希腊的古典遗产就能满足现实的需要了。

希腊文艺落到罗马人手里，文雅化了，精致化了，但是也肤浅化了，甚至于公式化了。但是，贺拉斯确是拉丁古典理想的奠基者，对文艺复兴和新古典主义时代起到深刻的影响。

罗马诗人大半都是从摹仿希腊古典诗歌入手的。贺拉斯认为诗有教益和娱乐两种功能。他认为：“诗人的目的在于给人以教益，或供人娱乐，或是把愉快的和有益的东西结合在一起。”

贺拉斯的最大贡献是《诗艺》。《诗艺》本是给罗马贵族皮索父子的一封论诗的诗体信。内容分成三个部分：第一部分泛论诗的题材、布局、风格、语言和音律以及其他技巧问题；第二部分讨论诗的种类，主要讲戏剧体诗，特别是悲剧；第三部分讨论诗人的天才和艺术以及批判和修改的重要性。[①]

《诗艺》对后来发生的最重大影响在于古典主义的建立，是它指出了古希腊文学是艺术的典范，从而奠定了古典主义美学理论的基础。贺拉斯说："神把天才，把完美的表达能力赐给了希腊人。"而诗人"用诗篇来传达神旨，给人指出生活的道路。"因此，贺拉斯语重心长地对皮索父子说："你们须勤学希腊典范，日夜不坠。"这句劝告也成为日后新古典主义运动中一个鲜明的口号。

那么，我们要向希腊人学习什么呢？贺拉斯认为，诗所必不可少的品质就是合式或者说是得体。也就是说，一切都要做到恰如其分，叫人感到它的完美，没有什么不当之处。

在这里，我们看到贺拉斯和古希腊人一样，强调艺术对自然的摹仿。这种摹仿要抓住事物的本质，也就是要合式，强调整一性。既要有形式美，又要有思想美。形式的合式在于具有整一性；作品要符合合式，首先要求首尾一致，成为一个有机整体，这个提法在亚里士多德那里我们也看到了。

就贺拉斯的《诗艺》说来，概括起来，"合式"主要包括以下几个方面：

首先，一部作品应当是有机统一的整体；"不论做什么，至少要做到统一、一致"。

其次，性格描写要合式。性格的合式分两种情况，一是遵循传统（定型化），一是独创（类型化）。前者指选取传统题材时必须依照传统上已"定型"的性格，如必须把曹操描写成奸诈，黛玉是凄美；后者指选取现实题材时必须依照现实生活中人物的年龄、身世、身份、地位、职业和民族等类型特点去描写，并保持首尾一致。他说："如果你想观众静听终场，鼓掌叫好，你就必须根据每个年龄的特征，把随着年龄变化的性格写得妥帖得体……不要把老年人写成青年人，也不要把小孩子写成老年人。"

第三，选择题材和语言表述要"合式"，即作者应当选择本人能够胜任和驾驭的题材，只有这样才能游刃有余，以便使文辞流

①参见《朱光潜全集》第6卷，安徽教育出版社1990年版；《诗学、诗艺》，人民文学出版社1982年版。

畅、条理分明。这就要求精益求精，创造出完美的作品。正如他自己举例所说："如果画家作了这样一幅画像：上面是个美女的头，长在马颈上，四肢由各种动物的肢体拼凑起来的，四肢上覆盖着各色羽毛，下面长出了一条又黑又丑的鱼尾巴。朋友们，如果你们有缘看到这幅图画，能不捧腹大笑吗？""如果为了追求变化多彩而改动自然中本是融贯整一的题材，那就会像在树林里画条海豚，在海浪里画条野猪，令人感到不自然。"

第四，情节展开的方式要恰当。适合在舞台上演出的情节就在舞台上演出，将形象直接呈现在观众面前；否则，便不在舞台上演出，让演员在观众面前"叙述"。为了便于情节的展开，一出戏最好分五幕，剧情冲突应自然而然，尽量避免求助神力来收拾或结局，歌队"在幕与幕之间所唱的诗歌必须能够推动情节，并和情节配合得恰到好处"。

第五，诗格、韵律和字词句的安排要考究、要小心、要巧妙，绚烂的辞藻运用得要适得其所，家喻户晓的字句要翻出新意。在安排字句的时候要考究，要小心，如果你安排得巧妙，家喻户晓的字便会取得新意，表达就能尽善尽美。总之，表达当"尽善尽美"。

通过以上分析，我们看到，正如贺拉斯自己所说："向生活和习俗里去找真正的范本，并且从那里吸收忠实于生活的语言。"

《诗艺》对于西方文艺影响之大，仅次于亚里士多德的《诗学》，有时甚至是超过了它。因为他奠定了古典主义的理想，把古典主义作品中最好的品质和经验教训总结出来，用最简短而隽永的语言把他的总结铭刻在四百几十行的短诗里，替后来欧洲文艺指出一条调

美学辞典

合式："合式"（decorum），又译"得体"、"妥帖"、"妥善性"、"工稳"、"适宜"、"恰当"、"恰到好处"等。"合式"的概念可以导源于苏格拉底对两种"和谐"的区分。第一种是一般而言的合适比例，这是抽象意义上的美，是客观的和谐；第二种才是针对一个具体对象及其特定功用而言的合适比例，这是具体的美的对象，是主观的和谐。第一种和谐写作 symmetria，即"对称"；第二种和谐写作 eurhythmia 即"优美"，意思是不合客观比例但能满足主体的需求。"合式"来自后者。贺拉斯的"合式"，主要是指艺术作品的各个部分要同整体构成"恰当"、"得体"的对应关系，以保持内在的秩序和结构的整一。"合式的原则"与"借鉴的原则"、"合理的原则"相并列，是贺拉斯所提出的"古典主义三原则"之一。

子虽不高却平易近人、通达可行的道路。[①]

《诗艺》正如贺拉斯自己所说："值得涂上松脂，放在柏木锦匣里珍藏起来。"

古罗马审美理想的最高体现——崇高

除《诗艺》以外，古罗马时代的文艺理论著作对后代影响最大的就是《论崇高》。朗吉努斯在《论崇高》中，第一次明确地将"崇高"作为一个审美范畴提出来，而且取代"美"为最高的范畴提出来。

公元10世纪，西方学者发现一本名为"PeriHupsous"（希腊语原意是指高或者是上升至某种高度。）的古罗马著作抄本，内容是论崇高、雄伟的问题，于是把它译成"论崇高"。它叙述了与古希腊以来和谐、静穆的美完全不同的另一种美——崇高。这本书的作者就是朗吉努斯。

朗吉努斯（公元213～273年）被称为自亚里士多德以来的最伟大的文艺批评家。出生在幼发拉底河西岸的帕尔米拉城。曾任帕尔米拉摄政王吉诺比亚的谏议大臣。公元273年，古罗马消灭了帕尔米拉争取独立的民族运动。朗吉努斯被处死。

美学辞典

古典主义：古典主义，在艺术中指以古希腊和罗马艺术为基础的历史传统或美学观点。古典主义用于说明美学观点时通常指与古代艺术相联系的一些特点，如和谐、明晰、严谨、普遍性和理想主义。严谨、雄伟、明晰、和谐、精细以及清晰的形式与崇高的内容的完全一致，这一切是古典主义的要素。古典主义强调形式和理性控制。

公元1世纪的罗马帝国，罗马文学已经走向衰退期。他慨叹道："当今这个时代固然颇有些天才，他们极有说服力和政治才能，聪明而又多能，尤其富于文学的感染力，可是为什么真正崇高的和极其伟大的天才，除了绝少的例外，如今却没有出现呢？举世茫茫，众生芸芸，唯独无伟大的文学。"

"天之生人，不是要我们做卑鄙下流的动物；它带我们到生活中来，到森罗万象的宇宙中来，仿佛引我们去参加盛会，要我们做造化万物的观光者，做追求荣誉的竞赛者，所以它一开始便在我们的心灵中植下一种不可抵抗的热情——对一切伟大的、比我们更神

①参见《朱光潜全集》第6卷第127页，安徽教育出版社1990年版。

▶亚历山大的威武战马布斯法鲁斯的雕像，布斯法鲁斯曾带着主人安全地经历了数十次战役。这个战马雕像给人以崇高的审美体验。

圣的事物的渴望。所以，对于人类的观照和思想所及的范围，整个宇宙也不够宽广，我们的思想也往往超过周围的界限。”

他说：“在本能的指导下，我们决不会赞叹小小的溪流，哪怕它们是多么清澈而且有用，我们要赞叹尼罗河、多瑙河、莱茵河，甚或海洋。我们自己点燃的爝火虽然永远保持它明亮的光辉，我们却不会惊叹它甚于惊叹天上的星光，尽管它们常常是黯然无光的；我们也不会认为它比埃特纳火山口更值得赞叹，火山在爆发时从地底抛出巨石和整个山丘，有时候还流下大地所产生的净火的河流。关于这一切，我只需说，有用的和必需的东西在人看来并非难得，唯有非常的事物才往往引起我们的惊叹。”

在西方美学史上，崇高范畴的最早提出，是和文章的风格联系在一起的。塔塔凯维兹认为：“崇高概念形成于古代修辞学……崇高风格被认为是三种修辞风格中最高级的一种。”

朗吉努斯所讲的“崇高”，其含义比近代以来的崇高概念更为广泛，其中包括“伟大”、“庄严”、“雄伟”、“壮丽”、“尊严”、“高雅”、“古雅”、“遒劲”、“风雅”等。基本来看，朗吉努斯所认为的崇高风格应该具有以下特征：高雅、深沉、不同凡响的意味，激昂、磅礴、如火如荼的热情，旷达、豪放、宛若浩海的气概，刚劲、雄健、炮击弩发的劲势，以及高超、绝妙、光芒四射的文采。他反对的是因标新立异而产生的浮夸、幼稚、矫情，具体包括：无病呻吟、言不由衷的“浮夸”，琐碎无聊、想入非非的“幼稚”，误用感情、矫揉造作的“矫情”。

总之，朗吉努斯认为，真正的崇高的风格能使人充满昂扬、豪迈、豁达、振奋之情，崇高的风格是文艺作品之所以经久不衰的内在特质。

朗吉努斯认为崇高风格有五个真正的源泉，它们是："第一而且首要的是能作庄严伟大的思想。第二是具有慷慨激昂的热情。这两个崇高因素主要是依赖天赋的。其余三者则来自技巧。第三是构想辞格的藻饰，藻饰有两种：思想的藻饰和语言的藻饰。此外，是使用高雅的措词，这又可以分为用词的选择，像喻的词采和声喻的词采。第五个崇高因素包括上述四者，就是尊严和高雅的结构。"首要的是要有庄严伟大的思想。"一个崇高的思想，在恰到好处时出现，便宛若电光一闪，照彻长空，显出雄辩家的全部威力。"

朗吉努斯直接指出："崇高的风格是一颗伟大心灵的回声。"他指出："一个真正的演讲家绝不应有卑鄙龌龊的心灵。因为，一个终生墨守着狭隘的、奴从的思想和习惯的人，决不可能说出令人击节称赏和永垂不朽的言词。是的，雄伟的风格乃是重大的思想之自然结果，崇高的谈吐往往出自胸襟旷达志气远大的人。"这种伟大的心灵的首要决定因素是"庄严伟大的思想"。这种崇高的思想是一种天才或灵感，它"较之其余的因素更为重要"。

"崇高的风格是一颗伟大心灵的回声。"

——朗吉努斯

《论崇高》主张和天才相联系的是"慷慨激昂的热情"。"崇高的意境和热烈的感情对于预防辞格引起怀疑大有帮助，妙不可言。""热情而且崇高的话更接近我们的心灵"。他说："文章，它既是语言的谐律，而这种语言是天赋予人的，不但能达到人的耳朵，而且能打动人的心灵，激发了各式各样的辞藻、思想、行为、美饰、曲调，这一切都是我们生而具有的或培养而成的。同时，凭借其声音的混合与变化，把说者的感情灌输到旁听者的心中，引起听众的同感，而且凭借词句的组织，建立起了一个雄伟的结构——凭借这些方法，它不仅能把我们迷住，往往立刻驱使我们向往于一切壮丽的、尊严的、崇高的事物和它们所包罗的万象，从而完全支配着我们的心情吗？"只有作者自身具备了慷慨激昂的感情，通过一定的作品的形式传达出来，这样就能引起欣赏者的情感，因为这是以情动人，使

▼罗马的强劲对手——一位高卢人在杀死妻子后，宁可自杀也不愿向敌人投降。雕像表现了一种刚健、悲壮的崇高风格。

听众着迷其中，共同引向对壮丽、尊严、崇高事物的向往。他否定了那种卑微的和崇高相悖的热情，如怜悯、烦恼、恐惧等，这些感情在崇高的风格里是不需要的，所以，他特别推崇“恰到好处的真情”。“我大胆地说：有助于风格之雄浑者，莫过于恰到好处的真情。它仿佛呼出迷狂的气息和神圣的灵感，而感发了你的语言。”

朗吉努斯认为，思想和激情“这两个崇高因素是依赖天赋的”。“而崇高，哪怕不是始终一贯，则有赖于崇高天才”。他所说的这种慷慨激昂的热情是一种崇高的、豪迈的激情，只有依赖于天才才能产生这种感染人的激情。“崇高的风格，可以说，有五个真正的源泉，而天赋的文艺才能仿佛是这五者的共同基础，没有它就一事无成”。“崇高的天才，较其余的因素更为重要”。

“天才不仅在于能说服听众，且亦在于使人心荡神驰。凡是使人惊叹的篇章总是有感染力的，往往胜于说服和动听。因为信与不信，天才不仅在于能说服听众，且亦在于使人心荡神驰。凡是使人惊叹的篇章总是有感染力的，往往胜于说服和动听。因为信与不信，权在于我，而此等篇章却有不可抗拒的魅力，能征服听众的心灵。”他认为只有天才的崇高风格才能达到这个境界。

除了思想和热情之外，崇高的形成，还要借助于藻饰、措辞和结构。这些是技巧的因素。“辞格乃是崇高风格的自然盟友，反过来又从这个盟友取得惊人的助力。”“选择恰当和壮丽的辞藻可以有惊人的效果，既能吸引又能感染听众，而这是所有雄辩家和散文家的主要目的，因为它本身能使风

◀圣罗伦佐教堂附属小教堂，佛罗伦萨建筑，其宏伟的结构使观者产生一种庄严、肃穆之情。

格雄浑、绚丽、古雅、庄严、劲健、有力，授给它一种魅力，有若最美的铜像上的古色古香，仿佛赋予这些作品一颗能解语的心灵……真心，华丽的辞藻就是思想的光辉。”但是“辞藻的雄伟不是在任何场合都合适的：一个琐屑的问题用富丽堂皇的辞藻来装饰，不啻给幼稚的小孩带上悲剧的面具。”朗吉努斯强调，修辞技巧最主要的就是“自然”。他指出：“技巧唯有在似乎是自然时才臻完美，而自然唯有在含有不露痕迹的技巧时才得到成功。”

至于结构，他说：“在使文章达到崇高的诸因素中，最主要的因素莫如各部分彼此配合的结构。正如在人体，没有一个部分可以离开其他部分而独自有其价值的。同样，假如雄伟的成分彼此分离，各散东西，崇高感也就烟消云散了。”“在一切事物里总有某些成分是他本质所固有的，所以，在我们看来，崇高的原因之一在于能够选择最适当的本质成分，而使之组成一个有机的整体。”

朗吉努斯的《论崇高》是西方美学发展史上的一部很重要的论著。它在古希腊罗马和文艺复兴美学之间，起到了承前启后的作用。

《论崇高》直到1674年由法国新古典主义者布瓦洛翻译出版以后才引起人们的高度重视，成为美学家和文艺家们案头必备之书。“朗吉努斯的所谓‘崇高’，不是演说家的所谓‘崇高修辞’，他指的是文章中的异常成分，奇特成分，惊人成分，能使一篇文章高昂、沉迷、感化。崇高的‘风格’需要高贵的语言；但崇高本身，则可能存在于单一的思想，一个语象，一个语片……宇宙万物主宰以一句话创造了光明；这就是崇高的‘风格’。上帝说：要有光就有了光。这是出奇的表达……这是真正的崇高，它本身就有些神性。”（布瓦洛）

“《论崇高》同亚里士多德的《诗学》一起奠定了把文学艺术看做是人的精神和审美活动的结果这种看法的基础。”《论崇高》之所以在湮没千年后，“成了新古典主义者的圣经”，就因为它在当时的古典主义艺术的土壤中，播下了浪漫主义的种子。

第二章

中世纪与文艺复兴时期美学

中世纪美学思想是在古罗马美学的理论基础上，将美学和神学结合起来，从中可看到宗教对美学的影响。文艺复兴时期的美学思想则受到同时代自然科学发展的影响，建立了新的美学体系。其中的“人文主义”思想对后学影响巨大，出现了达·芬奇这样的美学巨匠。

基督教美学的创立者

——奥里留·奥古斯丁（公元354～430年）

奥里留·奥古斯丁（公元354～430年），公元354年11月13日生于北非的塔加斯特镇（现位于阿尔及利亚）。这座盛产橄榄油的小城位于离突尼斯不远的高地平原上，这里在300多年以前就已经成为罗马帝国的领地。

他的母亲莫尼加则是一个虔诚的基督徒，被后世尊为基督徒妇女的典范。他不喜欢非母语的希腊语，但是对拉丁文却情有独钟，广泛阅读拉丁文文学，尤为推崇拉丁诗人维吉尔。

▼威尼斯圣马克教堂镶嵌画
对基督徒们来说，奥古斯丁是最伟大的教父，他的神学著作强化了许多基督教义。

作为迦太基城一名16岁的少年学生，奥古斯丁的行为是一种典型的罗马酒色之徒。奥古斯丁年轻时生活放荡，是一位吃喝嫖赌、放荡不羁之青年。“我全身心投入通奸活动中。”他后来在著名的《忏悔录》中说到了这段时间的生活。可是，在接下来的一些年头里，因为母亲的教导，他深感负疚，从而放弃了乱交，娶了一个小妾，并与她厮守了15年多的时间，对她很忠心。19岁在修辞学校读书时成为摩尼教追随者。一度醉心于柏拉图主义和怀疑派的著作。

在《忏悔录》中，奥古斯丁详细地记载了这一经历：在我家葡萄园的附近有一株梨树，树上结的果实，形色香味并不可人。我们这一批年轻坏蛋习惯在街上游戏，直至深夜；一次深夜，我们把树上的果子都摇下来，带着走了。我们带走了大批赃物，不是为了大嚼，而是拿去喂猪。虽则我们也尝了几只，但我们所以如此做，是因为这勾当是不许可的。我也并不想享受所偷的东西，不过为了欣赏偷窃与罪恶。那一年的浪荡生活在奥古斯丁的心灵上刻下很深的印痕，当他后来回忆起这一段少年时的岁月，还痛悔不已："唉！真是离奇的生活，死亡的深渊！竟能只为犯法而犯法！"

后来，奥古斯丁想献身教会，放弃婚姻情欲。公元386年的一天，他在米兰的一座花园里，脸上带着难掩的忧伤和痛苦，默默地走到一棵无花果树下，躺了下来。他一边流着泪，一边喃喃自语："主啊！你的发怒到何时为止？请你不要记着我过去的罪恶。"过了会儿，他呼喊起来："还要多少时候？还要多少时候？明天吗？又是明天！为何不是现在？为何不是此时此刻结束我的罪恶？"这个人就是年轻的奥古斯丁。他的哭声，在空旷的花园里回荡。他的朋友，就坐在不远的长椅上，默默地注视着。忽然，从邻近一间屋子里传来一个孩子的声音，反复唱着："拿起来，读吧！拿起来，读吧！"顿时，他的脸上呈现一种异常兴奋的表情，他在回想少年时是否曾经唱过这样的儿歌，脑子里却空空如也。他抑制住眼泪的奔涌，站起来，冲到刚才坐的椅子边，拿起放在那里的《圣经》，抓到手中，翻开，默默读着最先看到的一章："不可荒宴醉酒，不可好色淫荡，不可争竞嫉妒；总要披戴主基督耶稣，不要为肉体安排，去放纵私欲。"他感到这段话击中要害，"顿觉有一道恬静的光射到中心，驱散了阴霾笼罩的疑云"。他成为一名基督徒。花园里的这一天，影响了他的整个一生；而他的一生，影响了之后1000多年的基督教史。

"肉体的美和鲜花的美，当它们被观赏时会给人以愉快，由于视觉受益于这美的事物，人们应当赞美造物主。然而，就其价值而言，这些事物均是有害的。鲜花的美与肉体的美都会消亡。"

——克莱门特

公元387年复活节，他接受安布罗斯洗礼，正式加入基督教。此后回到北非的家乡，隐居三年之后被教徒推选为省城希波教会执事，公元395年升任主教。在任职期间，他以极大的精力从事著述、讲经布道、组织修会、反驳异端异教。

他在晚年目睹了汪达尔人的入侵，在希波城沦陷之前，公元

“每个人都是一首赞美上帝的美妙的诗。”

——奥古斯丁

430年8月28日，安然逝世。他被后世教会尊为教会博士，被奉为圣徒。奥古斯丁的著作流传到西方，成为公教会和16世纪之后的新教的精神财富。

奥古斯丁是教父思想的集大成者。他的著作堪称神学百科全书。《忏悔录》、《论三位一体》、《上帝之城》是代表作，包含不少哲学论述。

奥古斯丁是西方基督教美学的创立者。奥古斯丁的美学是与基督教神学融为一体的。基督教神学是柏拉图的理念说、普洛丁新柏拉图主义的“太一”流溢说和基督教教义互相结合的产物。

“由于奥古斯丁具有把握各种美学难题的非凡能力和更为独特的兴趣，他建立了希腊教父们所难以企及的、更为完备的基督教美学。”①

美是有阶梯的，
我又看到那么多的光辉降落在
那梯子的梯阶上，
仿佛天上所有的星都落了下来。
——［意］但丁《神曲·天堂篇》

为什么美能够引起我们的快感呢？“除了美，我们能爱什么？什么东西是美？美究竟是什么？什么会吸引我们对爱好的东西依依不舍？这些东西如果没有美丽动人之处，便决不会吸引我们。”

奥古斯丁认为：“观察大地与天空，可以发现快感仅生于美；而美取决于形状；形状取决于比例，比例取决于数。”而“整一是一切美德形式”。那么这些形式都来自哪里呢？奥古斯丁认为，它们来自上帝。

中世纪基督教美学的一个最基本的命题就是以上帝为美的本

① ［波］沃拉德斯拉维·塔塔科维兹著，诸朔维译：《中世纪美学》第58页，中国社会科学出版社1991年版。

源。上帝是美本身，绝对地高于物质美与精神美的，是一切美的本源。“天主是美善的，天主的美善远远超越受造之物。美善的天主创造美善的事物……”①

皈依基督教后，奥古斯丁发现真正的问题不是事物何以是美的，而是事物的美是从哪里来的。自己以前《论美和适宜》的最大的错误就是从物质世界的内部寻美，只把美归结为受造物而没有注意到它的潜在的本源。而事实上不应该来自万物外部。“是你，主，创造了天地；你是美，因为它们是美丽的；你是善，因为它们是好的；你实在，因为它们存在，但他们的善、美、存在，并不和创造者一样；相形之下，它们不美，并不善，并不存在。”上帝“至高、至美，至能，无所不能；至仁、至义、至隐，无往而不在；至美、至坚、至定，但又无从执持，不变化而变化一切，无新无故而更新一切”，上帝即“美本身”。

精神美包括道德美和艺术美。上帝是美的原型，它将自身的美在多样化的物质世界中显现出来，事物的美只是上帝的一个摹本，一个不完满的美。“在某些方面，遵守道德规范是心灵美，由于这一点人称为美的，甚至身材伛偻丑陋的人也往往是美的。”

艺术美是“艺术家得心应手制成的尤物，无非是来自那个超越我们灵

◀在奥古斯丁的《上帝之城》中，上帝将堕落之后的人类分为选民和罪人两类。耶稣复活后，选民得到上帝的拯救，但罪人只能经受地狱永恒之火的煎熬。奥古斯丁的基督教美学对整个美学的发展影响深远。

① [古罗马] 奥古斯丁：《忏悔录》第118页，商务印书馆1963年版。

▼奥古斯丁的手稿《上帝之城》中的一页插页。

魂，为我们灵魂所日夜向往的至美。”①他认为艺术美必须为宗教神学服务，奥古斯丁认为，一切大自然的美都是上帝之美的一种象征，因此，赞美这些美，就是赞美创造这些美的上帝。仅仅从一些艺术品获得快感是不够的，但这些可感的美可以成为我们认识唯一的美，它是一种象征：对太阳的欣赏与其说是它的灿烂阳光，不如说是因为它象征着神的光辉。

比精神美低的是物质美。物质美并非毫无价值，因为它是上帝的创造物，但它毕竟只是上帝的映象，它是短暂的相对的美，就其自身来说，物质美也可能令人感动，但与神性美相比较，便微不足道。物质美本身无好坏可言，关键是用于何种目的，像太阳、月亮、海洋、大地、鸟、鱼、水、谷物、葡萄、橄榄等，都在帮助虔诚颂扬信仰的奇迹，它们都是好的；如果它们掩盖了永恒的美，如果因为这些世俗的快感阻碍了对至高至善的观照，它们就是有害的。物质美在奥古斯丁眼里只是一种手段，而上帝才是目的。

通过各种感性美的象征性的阶梯，我们可以到达神性美的顶峰，与上帝的形式与光辉融合在一起，审美的极境是心灵对上帝的观照和渴求。这里有

① [古罗马] 奥古斯丁：《忏悔录》第217、128页，商务印书馆1963年版。

两种道路，一是通过认识外物的形式的本质来领略形式的基础——“数”，以达到直观上帝的目的。当理性转向视觉领域并且观照天地时，它就会发现，在世界上美是悦目的，在美里形象是悦目的，在形象里量度是悦目的；在量度里数是悦目的。在外物中发现数，心灵就进入超感性的王国。

另一条途径回忆。人心容易贪恋物质之美，为外物所蔽不能认识上帝之美，不如返归内在灵明。回忆可以唤起各种影像，据此探索影像的意义、体验各种复杂的情感，并反视心灵自身。但上帝不是影像、不是情感、不是心灵，而是“心灵的主宰”，是所有影像、思虑、情感、心灵的来源，一旦认识及此，上帝就惠然降驻于记忆之中。此时心灵“清心寡欲”，“凝神于一”，以期上帝常驻，而心灵也“体味到一种无可形容的温柔”，能“超出凡尘”。这两种途径，都要求克制本性的欲念，摆脱外物的诱惑，向着上帝拾级而上，从审美走向宗教。

奥古斯丁对丑的分析非常著名，“比任何希腊人都更直接地处理了丑的问题”。他认为如果我们世间有丑，那么它也不是一种实在的东西，而只是某种缺陷，与以整一、秩序、和谐、形式为特征的美相反，丑就是这些特征的缺席。万物既然是上帝所造，都来自上帝，所以没有丑，丑仅仅是相对的残缺而已。“孤立的状态、令我们不快的事物，如果被置在整体中考虑，就会给我们以极大的快感。”

他认为丑是必需的。因为丑和恶可以成为美和善丧失的警戒，也是美和善存在的确证。“这个理论的实质是，它认识到丑的东西是美的东西的一个从属要素。丑是美的衬托物，然而，整个来说，它又对于传统意义上的或者几乎是传统意义上的和谐或对称的效果有所贡献。”①承认有丑并不否定世界的美，即使是丑的事物中，也有美的痕迹。

① [英] 鲍桑葵著：《美学史》第178页，商务印书馆1985年版。

中世纪美学的集大成者

——托马斯·阿奎那（1225～1274年）

流星般匆忙的一生

13世纪，这是个由教义支撑灵魂的时代，一个由僧侣的粗呢袍和骑士铁剑构成美丽图画的时代。

在著名的巴黎大学神学院里，有一名学生，因其行动之迟缓，性格之沉稳，寡言少语，再加之身材魁梧，常被同学们戏称为“哑牛”。对于这位西西里的大笨牛，著名的亚里士多德学者阿尔伯特预言道：“这头哑牛的吼声将响彻全世界。”果然，教会在他生前就给予了他极大的支持和极高的声誉，称他为最光荣的“天使博士”，他成了中世纪最重要的哲学家，他的学说不仅是经院哲学的最高成果，也是中世纪神学与哲学的最大、最全面的体系。1323年教皇约翰二十二世追封他为“圣徒”，1567年他又被命名为“教义师”，1879年教皇还正式宣布他的学说是“天主教会至今唯一真实的哲学”。这个人就是意大利人托马斯·阿奎那。

托马斯·阿奎那（1225～1274年）生于意大利的洛卡塞卡堡，该城堡是阿奎那家庭的领地。阿奎那家族是伦巴底望族，与教廷和神圣罗马帝国皇帝都保持着密切关系。托马斯·阿奎那5岁时，由父亲送往蒙特·卡西诺的大本尼狄克修道院上学，在那里接受了9年的初等教育。他的父亲希望他将来做一名隐修士，终身为教会服务。14岁时，他进入那不勒斯大学。那不勒斯大学以思想开放、学术自由而为人们所瞩目。阿奎那在这里开始阅读亚里士

美学辞典

经院哲学：产生于11～14世纪欧洲基督教教会学院的一种哲学思潮。经院哲学可以划分为早期、中期和晚期三个阶段。它是运用理性形式，通过抽象的、烦琐的辩证方法论证基督教信仰，为基督教服务的思辨哲学。经院哲学家们围绕共相与个别，信仰与理性的关系展开了长期的争论，形成了唯名论与实在论两大派别。

多德的著作。1244年，他不顾父亲的反对，加入了多米尼克修会，宣誓永做教会的忠诚卫士，绝对服从教会的领导。他的这一举动，引起了父母和亲属的强烈不满和反对，因为，加入多米尼克派，不仅意味着日后将与贫困为伍，而且还影响了家族同不断壮大的王权弗烈德里二世的关系。所以，在阿奎那被教派送往巴黎学习的途中，被其兄长绑架，并将其软禁在家中。

在此后一年多的时间里，据说，其母亲为了留住他，想方设法劝他退出多米尼克修会，曾不惜借用女性的美丽以勾起他对世俗生活的依恋。一天，阿奎那发现一个赤裸的漂亮女人闯进他的卧室，他充满了愤怒，果断地拿起炉边一把烧红的烙铁把这个女人赶了出去，并且在门上烙上了一个醒目的十字架印记，以示决心。阿奎那抵御了各种诱惑，以其真诚、执著感动了他的母亲，终于回到了多米尼克教会。

1248年至1252年，阿奎那先到科伦，就学于著名的大阿尔伯特。从他那里，阿奎那学会了如何欣赏亚里士多德的著作。他的勤奋好学、惊人的辩才在此得以充分展示。其后，阿奎那被推荐入巴黎大学神学院，并于1256年春天完成学业。但他未能立即获得学位，只是在教皇亲自干预的情况下，阿奎那才于当年秋天在卫兵的护送下获得了神学硕士学位。从此，阿奎那开始了其教学生涯。

1274年，他应教皇格列高利十世之召，参加里昂公会议，在赴罗马的途中病逝，年仅49岁。虽然

▼这是14世纪比萨画家弗朗西斯科·特雷尼的《圣托马斯·阿奎那的杰出成就》一图，阿奎那是最早把亚里士多德著作引入基督教思想的哲学家。

他生命短暂，但是他的影响却是长久的。1879年，教皇利奥三世在《永恒之父》通谕中全面颂扬托马斯·阿奎那的神学和哲学。从此，他的哲学被称为天主教的官方哲学，即经院哲学。

托马斯的著作卷帙浩繁，总字数在1500万字以上，其中代表作为《反异教大全》、《神学大全》。

美属于形式因的范畴

什么是美？托马斯说："凡是一眼见到就使人愉悦的东西才叫做美的，这就是美存在于适当的比例的原因。感官之所以喜爱比例适当的事物，是由于这种事物在比例适当这一点上类似感官本身。感官也是一种比例，正如任何一种认识能力一样。认识必须通过吸收的途径产生，而吸收进来的是形式，所以，美本身与形式因的概念联系着。"①这就是说：美是通过感官使人愉快的东西；其次，只有在观赏时立即直接使人愉快的才是美的；第三，美在形式，美只涉及形式而不涉及内容。这种强调美的感性和直接性的观点在后来康德和克罗齐的美学中得到进一步的发展。阿奎那主张："一眼见到就使人愉快的东西才叫做美的。"阿奎那认为人类的其他类型的愉悦，主要与触觉感官相联系，并为其他生物所共有；这些愉悦出现在从事必要的和实用的活动中，而且是为了维持生命的，而喜爱美并由于其自己的原因而欣赏美，则是人所特有的能力。"最接近于心灵的感觉，即视觉和听觉，也最能为美所吸引。我们时常谈到美的景象和声音，而不大提及美的滋味和气味。"阿奎那以牡鹿的声音为例说明了这两种愉悦的区别："狮子在看到牡鹿或听到牡鹿声音的时候感到愉悦，是因为这预示了一顿佳肴。而人却通过其他感觉体验到愉悦，这不仅是由于可以美餐一顿，还由于感性印象的和谐。产生于其他感觉的感性印象因为其和谐而使人愉悦，譬如当人对完美和谐

"艺术作品起源于人的心灵，后者又为上帝的形象和创造物，而上帝的心灵则是自然万物的源泉。"

——阿奎那

① 《朱光潜全集》第6卷第152页，安徽教育出版社1990年版。

▲佛罗伦萨圣母玛丽亚教堂内壁画 14世纪

这幅壁画显示了托马斯·阿奎那的胜利，他的《神学大全》一书最终导致了教会的分裂，他的思想体系也成为天主教会的官方学说。《神学大全》也集中体现了他的美学思想。

的声音感到愉悦的时候。因此，这种怜悯也就不再同维持其生存相联系。”由此可见，审美的感觉并不像某些在生物学上具有重要意义的感觉那样是纯感性的，也不像道德情感那样是纯理智的，单凭形式一见就令人愉快，阿奎那这个观念上承柏拉图，下启康德，康德明确表达了审美感受的基本特征：无关实利而令人愉悦，无关目的而合乎目的。阿奎那最早尝试寻找美感与一般快感的区别，而且明确地把视听感官列入审美活动范围之内，这是阿奎那美感理论的特征和历史价值所在。

美和善一致，但是仍有区别。因为善是“一切事物都对它起欲念的对象”。所谓的欲念就是追向某个目的的冲动。美只

美学辞典

七艺：在中世纪早期，神学号称为“一切科学的王冠”。七艺隶属于神学之下，学习七艺是为进而学习神学作准备。七艺作为学科，一直沿用到文艺复兴运动以前。在当时的学校都设有三艺和四艺，前者指语法学、修辞学和逻辑学，后者包括算术、几何、音乐和天文学，两者合称即所谓的“七门自由艺术”，简称“七艺”。

是涉及认识功能。总之，凡是只为满足欲念的东西叫做善，凡是单凭认识就立刻使人愉快的东西叫做美。认识须通过吸收，而所吸收进来的是形式，所以严格地说，美属于形式因的范畴。阿奎那在以上论述中，揭示了美与善区别的最基本特征：美与善的区别可归结为带不带欲念和有没有外在目的之分。

美有三个要素

阿奎那在《神学大全》卷一中是这样表述的："美有三个要素：第一是一种完整或完美，凡是不完整的东西就是丑的；其次是适当的比例或和谐；第三是鲜明，所以鲜明的颜色是公认为美的。"美在"整一"、"和谐"，物体美是"各部分之间的适当比例，再加上一种悦目的颜色"。完整与和谐是来自古希腊的美学观念。圣奥古斯丁的"悦目的颜色"在阿奎那这里则以"鲜明的色彩"取代之。在阿奎那的美的三要素中，完整是最关键性的。这是由于阿奎那认为一切美的事物的形式都是来自于上帝，因此美的因素是完整的，而不是残缺的。阿奎那把比例之间的和谐一致放在第二位。阿奎那提出了双重的比例概念："我们将比例一词用在两层含义上。在第一层含义上，它指一个量同另一个量的复杂关系；而在这个意义上，'双倍'、'三倍'与'相等'是比例的诸类型。在第二层含义上，我们说比例是一部分同另一部分的关系。在这个意义上，创造物同上帝才可能有比例，因为创造物同上帝的关系也如效果与原因或可能与行为的关系一样。"因此，对于阿奎那来说，比例不仅包括量的关系，而且也包括质的关系；不仅包括自然界的比例，而且也包括精神世界的比例。

"形状，当它同事物的本性相符时，便与色彩一道使事物成为美的。"阿奎那由此认为事物的美除了完整性外，就在于事物各部分的有机协调关系和颜色的鲜明。他以人为例写道："我们将一个人称作是美的，是因为他的肢体在其量上和排列上具有合适的比例，也因为是他有着明快的、光亮的色彩。"

他给"鲜明"所下的定义是："一件东西（艺术品或自然事物）的形式放射出光辉来，使它的完美和秩序及全部丰富性都呈现于心灵。""鲜明"来自上帝的光辉的普照。在基督教教义看来，上帝以其光辉普照万物，世间美的事物的光辉就是上帝的光辉的反映。所以阿奎那把“鲜明”作为美的形式的重要性或价值功能就在于：它能将完整统一而又有和谐秩序的事物更进一步充分而又丰富地呈现于人们的心灵。总之，阿奎那整个美的三要素都是与上帝密切相关，即它们都是上帝的体现，或者说，它们都源于上帝。

在美的分类方面，阿奎那提出：“美有两种，一种是精神的，即在精神上的恰当的秩序与丰富；另一种则是外在的美，即在物体的恰当的秩序以及属于这一物体的外在属性的丰富。”他把这两种美认真区别开来，并且认为一种物体的美也不同于另一种物体的美：“精神的美是一种东西，物体的美则是另一种东西；然而，某一种物体的美又是另外一种东西。”阿奎那认为：“爱美之心人皆有之；但是，肉体的人爱的是肉体的美，而精神的人爱的是精神的美。”

圣托马斯·阿奎那的出现，使经院论哲学学派“不仅有了他们自己最伟大的哲学家，而且有了对美学做出最伟大贡献的人”。托马斯的美学思想比较集中地体现了经院时期正统的美学思想，其理论上承新柏拉图派的神秘主义，下启康德的形式主义美学，因而在西方美学史上占有重要地位。

美学中的人文主义萌芽

——但丁(1265～1321年)

意大利的佛罗伦萨是一座时常能唤起人们美好遐想的城市。在这座被情诗王子徐志摩称作“翡冷翠”的城市里，产生过达·芬奇、米开朗琪罗、拉斐尔、薄伽丘、伽利略等历史巨人，当然还有“伟大而荣耀的诗人”——但丁。正是由于这些伟人的存在，使得这座城市成为文艺复兴的摇篮。

在贯穿全城的阿尔诺河上，有一座古桥，记录着一个昔日的美好传说。这座饱经沧桑的老桥建于古罗马时期。它是阿尔诺河上唯

▶**但丁像**
但丁，中世纪最伟大的诗人，他的美学思想在美学史上占有重要地位，开启了一个新的时代。

一的廊桥，那时的桥面和桥廊都是木料所搭。历史上曾几次受到洪水侵袭，只剩下两个大理石桥墩。现在这座造型典雅的三拱廊桥是1345年重建而成。在第二次世界大战中，阿尔诺河上的十座古桥中的其他九座都被纳粹军队炸毁了，唯独老桥安然无恙。正是在这里曾经演绎过另一个版本的“廊桥遗梦”，而它的主人公正是被世人所仰慕的伟大诗人但丁。

那是一个春光明媚的上午，阳光洒在阿尔诺河上，波光闪闪，把河上的廊桥和桥畔的行人映衬得更加光彩夺目。贝特丽丝，一位容貌清秀、美丽高贵的少女在侍女的陪伴下向廊桥走来。此时，9岁的少年但丁正随父亲参加友人聚会，也正好走上廊桥，两人在桥上不期而遇。但丁凝视着少女，既惊喜又怅然；而少女却手持鲜花，双目直视前方，径直从但丁身边走过，仿佛没有看见但丁。但她的眼里放射出的异样的光芒和脸上泛起的潮红却透露出少女情动的信息。这一眼就开始了但丁的初恋，并且对她的爱终生不渝。

9年后，当但丁第二次见到她时，她嫁给了一位银行家，25岁就夭亡了，把美丽和哀伤留给了但丁。虽然但丁在30岁时与一个名叫杰玛的女子结婚，并生有4个孩子，但是终生难忘的仍然是这个年轻、美丽而富贵的女子。

岁月流逝，这份爱慕在但丁炙热的情感中化作一位上帝派来人间的拯救他灵魂的天使，一种完美和理想生命的化身。然而，越是爱，越是品尝着无望，越是无望，越是寄托愿望于遥不可及的爱。这样的哀伤和思念之情催生了《新生》——这部他早年的诗作又为他晚年创作《神曲》作了情感和素材的准备。而这一切都源于那次在廊桥的偶然的邂逅。

《神曲》成为继《荷马史诗》后最伟大的作品。在《神曲》中，但丁把贝特丽丝描绘成集真善美于一身、引导他进入天堂的女神，以此来寄托他对贝特丽丝的美好情感。但丁说过他写《神曲》的目

的是“要使生活在这一世界的人们摆脱悲惨的遭遇，把他们引到幸福的境地”。

1265年8月，但丁出生在一个走向没落的贵族家庭，父亲早亡，家境日衰，其母重视教育，把但丁送到著名学者拉丁尼那里学习拉丁文，攻读古典文学；他特别崇拜古罗马的一位重要诗人维吉尔，把维吉尔当做自己的精神导师。

▲但丁与其终身热恋的贝特丽丝相会于廊桥

贝特丽丝成为但丁作品中一个神化的女性，并在《神曲》中引导但丁“游历天堂”。

圣·奥古斯丁的思想对他影响尤大。1300年，但丁当选为佛罗伦萨六大行政官之一，他代表资产阶级政党，反对教皇干涉内政，反对贵族阶级把持政权；1302年代表封建教皇的势力得势，但丁被放逐，终生不得回佛罗伦萨；后来，但丁在威尼斯染重病，1321年死于意大利东北部亚得里亚海海滨城市腊万纳。

正如恩格斯在《共产党宣言》意大利文版序言中所指出：“封建的中世纪的终结和现代资本主义纪元的开始，是以一位大人物为标志的。这位人物就是意大利人但丁，他是中世纪的最后一位诗人，同时又是新时代的最初一位诗人。”

但丁美学思想的特点在于它的过渡性——既有中世纪美学的深刻印迹，又有新时代的美学观念。他认为：“上帝统治宇宙，权力无所不达。”上帝是美的本源，神学理性是判别美丑的标准和尺度。《神曲》是描写人类精神艰难的心路历程，对善良或邪恶的人

美学辞典

《神曲》：创作于1307～1321年，各诗均为三行押韵诗，是但丁所创的诗体。《神曲》是但丁于流放期间历时14年完成的长篇诗作，原名为《喜剧》。中世纪时，人们对“喜剧”的解释与今人不同，其意为结局令人喜悦的故事。1555年后，人们在原书名前加上修饰语“神圣的”，既表示对诗人的崇敬，亦暗指此诗主题之庄严深奥，意境之巍峨崇高。在中国，则将书名译为《神曲》。正是它奠定了但丁“文学三杰”之一的地位。《神曲》是中世纪文学哺育出的瑰宝。

“心灵生来就对爱是敏感的，
欢乐唤醒它，
使它行动起来。
它对一切令人喜悦的事起反应。”

——但丁

的不同处置，或下地狱，或留净界，或升天堂，判别标准都是依照正宗的神学伦理原则。

《神曲》的布局和结构具有象征性，而象征是中世纪美学表现的最基本原则。“象征”是两事物之间个别特征的相近、类似、相同，这形成了象征在内容方面的特点是“只及一点，不及其余”。中世纪基督教充分利用象征手法宣扬教义，以增加教义的神圣性和神秘性，形成了其艺术表现传统和审美习俗。

诗人借助基督教救赎观念和地狱、炼狱、天堂三界的神学教义结构全诗。但丁认为，人生有两种幸福：“今生的幸福在于个人行善；永生的幸福在于蒙受神恩。”“此生的幸福以人间天国为象征，永生的幸福以天上王国为象征。此生幸福须在哲学（包括一切人类知识）的指导下，通过道德与知识的实践而达到。永生的幸福须在启示的指导下，通过神学之德（信德、望德、爱德）的实践

▼但丁的小舟

此图描绘了《神曲·地狱篇》中的一节，表现了但丁（戴红头巾的男子）同维吉尔乘小舟渡过地狱之湖时，受到永久惩罚的死亡者企图爬到小舟上的情景。

▲《神曲》插图
羊皮纸·油彩
1490年 波提切利
波提切利为但丁的《神曲》绘制了大量的插图，这幅画对地狱的描绘有点像中国传说中的奈何桥。

而达到。”

在《神曲》中，但丁精心安排了两个人物作为自己的导师，一为象征理性、知识的维吉尔，一为象征信仰、虔敬的贝特丽丝。地狱、炼狱和天堂分别对应着“人间天国”和“天上王国”。象征理性的维吉尔只能在“人间天国”里充当诗人的引路者，象征信仰的贝特丽丝才有资格带领诗人进入“天上王国”。这说明，但丁还是将信仰置于理性之上的。

作为新旧交替时期的诗人，但丁不可能不接受中世纪文化的洗礼。虽然但丁的立意是属于中世纪的，但是另一方面《神曲》中表现出的深刻批判精神和新思想的萌芽，则使诗人成为文艺复兴新时期既将到来的预言者。

鲍桑葵指出：对于《神曲》而言，“中心兴趣在于灵魂们的命运，尤其是诗人的灵魂的命运。再没有任何作品更富于普遍性，再没有任何作品更富于个性了，甚至再没有任何作品更富于作者个人的悲欢恩怨色彩了。它是我们尝试探索的一个长期的运动的高潮。”①

“整个中世纪，诗人们都是在有意识地避开自己，而他是第一个探索自己灵魂的人。主观的感受在这里有其充分客观的真实和伟大。”②例如，但丁在政治上主张“消除一切社会弊病，由帝国管理世界，由教会培育灵魂”。像后来的人文主义者一样，但丁崇拜古希腊罗马文化、人文主义精神，强调艺术模仿自然，尊崇人的个人情感和个性自由，以及对自由意志的强调。“他是寻求自由而来的；自由是一件宝物，有不惜牺牲性命而去寻求的呢。”“研究哲学的大概都要知道：自然取法乎神智和神意。艺术取法乎自然，好比学生之于老师。所以你可以说：艺术是上帝的孙儿。”

但丁是中世纪的最后一位诗人，也是新时代的第一位诗人，他已经在轻叩文艺复兴之门。

①鲍桑葵著：《美学史》第202页，商务印书馆1985年版。
②雅各布·布克哈特著：《意大利文艺复兴时期的文化》第307页，商务印书馆1979年版。

绘画是一种科学

——达·芬奇（1452～1519年）

▶达·芬奇自画像

一个女人，身着华丽的连衣裙，梳着时髦的贵族发型，一绺绺鬈发散在双肩，体态丰满，两颊绯红，纤指曼妙，玉手如兰，那神奇而专注的目光，那柔润而微红的面颊，那由内心牵动着的双唇，那含蓄、模棱两可的微笑所流露出的讥讽与挑衅，拷问着人类的理性，成为一个难解的历史悬谜：她到底是谁？向谁微笑？为何如此微笑？这就是法国著名的卢浮宫三件宝之一的《蒙娜丽莎》。《蒙娜丽莎》出自意大利文艺复兴时期的达·芬奇之手。

达·芬奇（1452年4月15日～1519年5月2日），这个被恩格斯称为“巨人中的巨人”，是意大利文艺复兴时期——一个产生巨人的时代——最负盛名的艺术大师。以博学多才著称，在数学、力学、光学、解剖学、植物学、动物学、人体生物学、天文学、地质学、气象学以及机械设计、建筑工程、水利工程等方面都有不少创见和发明。他随身带的笔记手稿已发现有7000多页，可惜没有完整的著作发表。

达·芬奇于1452年生于佛罗伦萨郊区芬奇镇。达·芬奇幼年的生活非常坎坷，他的母亲被丈夫遗弃后生下达·芬奇，母子二人生活非常贫困，村人都说他是私生子，因此并无冠上父姓，其名字在意大利文中是“芬奇村的列奥纳多”之意。

天才少年

“上天有时将美丽、优雅、才能赋予一人之身，他之所为，无

不超群绝寰，显示出他的天才而非人间之力。”[①]

少年的他，天资聪颖，仪表俊美，举止优雅，对事物充满好奇和认真研究的可贵品质。天资引领年轻的他注定创造出一个又一个奇迹。

他曾提出一些数学难题让其教师无法解答。

他能作词作曲，而且能即席伴奏演唱。

他臂力过人，能徒手轻易折弯一个马蹄铁。

他能画一个逼真的盾牌，而其父亲看后，逼真到让他父亲恐慌而逃，那时，他还是个14岁的孩子。从而被称为小画家。

他能通过观察千只鸡蛋而练习画蛋，提高自己的绘画基本功。

▲图中的这位老人在助手的帮助下正聚精会神地做着实验，左手飞快地记录着实验结果。若不是身后墙壁上的人体速描和《蒙娜丽莎》表明了他的真实身份，可能不会有人想到他就是“科学家”达·芬奇。

达·芬奇曾以军事工程师、建筑师、画家、雕刻家和音乐师的身份为米兰公爵工作了17年之久。

理想和对梦想的忠诚促使他没有停止自己的探索脚步，他一生都在为梦想而奋斗，创造着奇迹。

他还曾研究过人的眼球，设计光学仪器。

51岁的他盼望着像鸟儿一样扇动起飞翔的翅膀，但用手臂和双腿驾驭的飞行器片刻间就摔碎了飞行的梦想。

他曾试图雕塑世界上最大的骑士青铜雕像，而重达10吨的金属溶液和千百次破碎的模具不得不让他把骑士改成步行的姿势。在他死后100年，西班牙人继续尝试这一技法，才建立起一座马上骑士的纪念碑。

他曾做出“太阳是不动的”结论，早在哥白尼之前就否定了地球中心说，并幻想过去利用太阳能。

他曾根据自己的解剖试验画出有史以来第一幅有关动脉硬化的解剖图。

①转引自阎国忠主编：《西方著名美学家评传》上卷第442页，安徽教育出版社1991年版。

“我不曾被贪欲或懒散所阻挠，阻挠我的只是时间不够。”

——达·芬奇

达·芬奇1485年设计的降落伞草图，日后，被一个英国男子用它制成了降落伞。

达·芬奇为土耳其横跨两大洲的伊斯坦布尔市绘制了一幅美妙绝伦的拱形桥设计草图，500年后，设计师根据这个草图，把它架设在挪威首都奥斯陆，“成功地证明了达·芬奇设计该桥的原理是可行的”。这座桥叫做“蒙娜丽莎桥”。

他仅用12幅完整的作品就奠定了最伟大的画家的地位。

1519年5月2日达·芬奇去世于安伯瓦兹。

达·芬奇的生命是一条没有走完的道路，路上洒满了未完成作品的零章碎页。他留给后人12幅绘画作品和7000多页手稿、设计图。《论绘画》是后人从达·芬奇18本笔记中抽取出来编撰而成的，有人称它是整个艺术史上最珍贵的文献。

科学史家丹皮尔这样评论道：“如果他当初发表他的著作的话，科学本来一定会一下就跳到一百年以后的局面的。”达·芬奇无论是在艺术领域，还是在自然科学领域，都取得了惊人的成就。他的眼光与科学知识水平超越了他的时代。

绘画是一种科学

一位达·芬奇的传记作者对《最后的晚餐》是这样评价的：“科学和艺术成了婚，哲学又在这种完美的结合上留下了亲吻。”

达·芬奇说：“正确的理解来自以可靠的准则为依据的理性，而正确的准则又是可靠的经验，亦即一切科学与艺术之母的女儿。”

美学辞典

文艺复兴：是14世纪至16世纪在欧洲兴起的一个思想文化运动。普遍认为文艺复兴发端于14世纪的意大利（文艺复兴一词就源于意大利语Rinascimento，意为再生或复兴，此词经法语转写为Renaissance，17世纪后为欧洲各国通用）。它是古希腊、罗马帝国文化艺术的复兴。新兴资产阶级认为中世纪文化是一种倒退，力图复兴古典文化——而所谓的“复兴”其实是一次对知识和精神的空前解放与创造。文艺复兴时期的作品，集中体现了人文主义思想。

▲最后的晚餐 达·芬奇 885×497厘米 现藏于米兰格拉齐圣玛利亚修道院

而“我们的一切知识来源于我们的感觉。”[①]这构成了达·芬奇全部美学思想的哲学基础。

他是个经验论者。一切真科学都是通过我们感官经验的结果。罗素解释说：“所谓经验主义即这样一种学说：我们的全部知识（逻辑和数学或许除外）都是由经验来的。”[②]

达·芬奇指出：“一切可见的事物一概由自然生养。”达·芬奇认为“绘画是自然界一切可见事物的模仿者”，是“自然的合法的女儿，因为它是从自然产生的，我们应当称它为自然的孙儿。”绘画“可以让人在一瞥间同时见到一幅和谐匀称的景象，如同自然本身一般。”

因为绘画依靠视觉，所以它的成果极其容易传给世界上的一切时代的人。眼睛能把整个世界的美尽收眼底。达·芬奇继承了古希腊的“艺术就是对自然的摹仿”的现实主义学说，认为“假如你不是一个能用艺术再现自然一切形态的多才多艺的能手，也就不是一位高明的画家。”

他提出了著名的“镜子比喻”。认为“镜子为画家之师”。“画家的头脑应该像一面镜子，经常把所反映的事物的色彩搬进来，面

①达·芬奇著：《达芬奇论绘画》，人民美术出版社1979年版。
②罗素著：《西方哲学史》下卷第139页，商务印书馆1976年版。

“绘画就是哲学，因为它要表现事物运动中的瞬间情况。”
——达·芬奇

前摆着多少事物，就摄取多少形象。”但是画家应该研究普遍的自然，要运用组成每一事物的类型的那些优美的部分，用这种办法，他的心就像一面镜子，真实地反映面前的一切，就会变成好像是第二个自然。而这个反映的是“必然性是自然界的指导者和抚育者。必然性是自然界的主题和发明者，既是控制力，又是永恒的规律。”所以，“画家与自然竞赛，并胜过自然”。

达·芬奇的美学思想概括起来就是美是和谐的固定形式。达·芬奇说：“美感完全建立在各部分之间神圣的比例关系上，各特征必须同时作用，才能产生使观者往往如醉如痴的和谐比例。”而人体比例是最神圣的比例。

▶ 蒙娜丽莎 达·芬奇 意大利 现藏于巴黎卢浮宫

在论及绘画艺术的性质与美学特征时，达·芬奇认为绘画比诗歌更具有直观的真实性，比音乐更富有形象性、客观性和视觉感受的真实性；比雕塑更富有色彩；总之，绘画

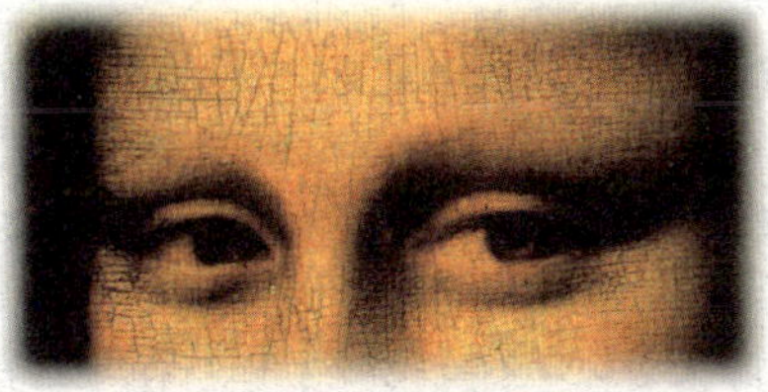

这双优美而温柔的眼睛里带着深不可测的意味，奇怪的是，这双眼睛竟没有睫毛，原因是修复此画的人考虑到当时佛罗伦萨流行剃眉的美容术，却不慎将睫毛连同眉毛一起给修掉了。

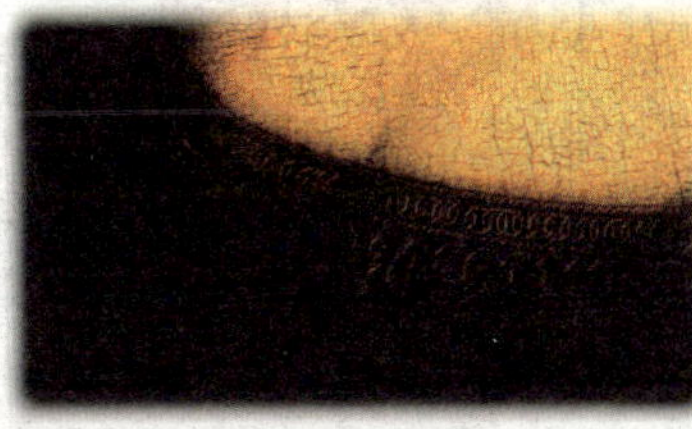

画家非常精巧地描绘出胸上衣饰的链状刺绣图案。有人说这正是达·芬奇的签名方式。因为意大利文中“链结”是Vincolare，这似乎和达·芬奇(Da Vinci)名字中的“Vinci”有着一定关系。

这个微笑是美术史上最大的谜之一，引得众说纷纭，其微微翘起的嘴角左右不太匀称，嘴唇轮廓不太清晰，画家运用晕涂法使光与影微妙地融合，创造出独特的效果。

背景山水幽深茫茫，淋漓尽致地表现出画家那奇特的烟雾状“空气透视”般的笔法。达·芬奇对同时期画家所画的恬静派风景十分反感，而偏好描绘散发神秘气息的自然景观。

这是一双被认为是美术史上画得最美的手，比例精确、丰满柔嫩。她优雅的姿势，也流露出平和、沉稳的心境。

▲《蒙娜丽莎》解析图

是一门最富有创造性的、最自由的艺术。这样，达·芬奇就总结出了绘画的美学特征：自然性、真实性、直观性、客观性、永久性、创造的自由性。而“绘画里最重要的问题，就是每一个人物的动作都应当表现它的精神状态，例如欲望、嘲笑、愤怒、怜悯等在绘画里人物的动作在种种情形下都应当表现它们内心的意图。”

“上帝有时候过于垂青一个人，要将所有的优点集于一个人的身上。”

——《达·芬奇传》

美学辞典

人文主义：人文主义主要被用来描述14到16世纪间较中世纪比较先进的文艺复兴时期的思想。人文主义以人而不是以神，尤其是个人的兴趣、价值观和尊严作为出发点。主张个性解放，反对中世纪的禁欲主义和宗教观；提倡科学文化，反对蒙昧主义，摆脱教会对人们思想的束缚；肯定人权，反对神权，摒弃作为神学和经院哲学基础的一切权威和传统教条；拥护中央集权，反对封建割据。人文主义这个词很晚才出现，它来自于拉丁文中的humanitas，古罗马作家西塞罗就已经使用过这个词了。德国启蒙运动时代的哲学家将人类统称为Humanitat，当时的人文主义者称他们自己为humanista。而Humanism这个词却一直到1808年才出现。现代的人文主义开始于启蒙运动。

达·芬奇说:“美感完全建立在各部分之间神圣的比例关系上，各特征必须同时作用,才能产生使观者往往如醉如痴的和谐比例。”为了能够创造出更为真实的第二自然，在绘画技巧上，达·芬奇非常重视自然科学在绘画中的作用，达·芬奇研究透视学、色彩学、解剖学、比例学和构图学等科学。用这些科学的理论来指导自己的绘画。例如：他就亲自解剖过30多具尸体。他认为“透视学是绘画的缰辔和舵轮”。达·芬奇还提出创造性的色透视法，打破了欧洲两千余年来绘画以轮廓线为主体的传统。

达·芬奇在绘画理论和创作上取得的成就，结束了“绘画是工艺”的时代，开创了“绘画是以科学为基础的艺术”的时代。所以达·芬奇说：“绘画，实际上是科学和大自然的合法女儿。”

达·芬奇是意大利文艺复兴时期第一位画家，也是整个欧洲文艺复兴时期最杰出的代表人物之一。他是一位思想深邃、学识渊博、多才多艺的艺术大师、科学巨匠、文艺理论家、大哲学家、诗人、音乐家、工程师和发明家。

他在几乎每个领域都做出了巨大的贡献。后代的学者称他是“文艺复兴时代最完美的代表”，是“第一流的学者”，是一位“旷世奇才”。所有的，以及更多的赞誉他都当之无愧。

达·芬奇所写的《绘画论》是文艺复兴时期艺术美学理论的经典著作。达·芬奇把人文主义的自然观同科学的形式主义美学完美地结合起来,和米开朗琪罗和拉斐尔等艺术家一起把艺术推向了西方造型艺术继古希腊之后的第二次高峰，预示着文艺复兴的到来。

第三章

理性精神的17世纪美学

17世纪西方的自然科学获得了进一步发展，这一时期的美学思想汲取了自然科学发展的最新成果，产生了理性主义、经验主义等美学思想，美学大师们尝试用自然科学的方法研究美学问题。

理性主义美学的奠基

——笛卡儿（1596～1650年）

▲笛卡儿在科学上的贡献是多方面的，他著有关于生理学、心理学、光学、代数学和解析几何学方面的论文和专著，而他的"普遍怀疑"和"我思故我在"的哲学思想对后来的哲学和科学的发展，产生了极大的影响。同时他也是理性主义美学的奠基人。

笛卡儿（1596～1650年），法国哲学家、数学家、物理学家。他对现代数学的发展做出了重要的贡献，因将几何坐标体系公式化而被认为是"解析几何之父"。

笛卡儿堪称17世纪及其后的欧洲哲学界和科学界最有影响的巨匠之一，被誉为"近代科学的始祖"。

他还是西方现代哲学思想的奠基人，黑格尔称他为"现代哲学之父"，"是一位了不起的英雄"。

笛卡儿的父亲是地方议会的议员，同时也是地方法院的法官，母亲是名门闺秀。笛卡儿是第四个孩子，其上有大哥及二姐，三哥早年夭折。笛卡儿诞生不久，母亲便因肺病去世。当时他那幼小的生命亦陷于垂危之中，甚至医生也断定没有生存的希望。幸亏一位热心的护士悉心照顾，方使他起死回生。也许就是为了这个缘故，他的名字叫重生。

他对周围的事物充满了好奇，从小养成了喜欢安静，善于思考的习惯。父亲见他颇有哲学家的气质，亲昵地称他为"小哲学家"。可是他们父子俩相处得并不融洽，他自己曾经说，他是父亲最不喜欢的孩子。他与兄弟之间的感情，似乎也不怎么深厚。可能是因为这个缘故，他经常离乡背井单独外出旅行，并且对待朋友特别情深。在他小时候的玩具中，他最喜欢一个斜视的洋娃娃，因而长大以后，他对于具有缺陷的人一直特别怀有好感。

在他8岁时，笛卡儿就进入拉夫赖士的耶稣会学校接受教育，受到良好的古典文学以及数学训练。笛卡儿的老师对他的评价是：聪明，勤奋，品行端正，性格内向，争强好胜，对数学十分喜爱并具有这种能力。他对学校的旧的教育方式不满，气愤地称他所学的教科书是博学的破烂。

1613年到巴黎学习法律，1616年毕业于普瓦捷大学。他的父亲想使他增长见识，所以在1617年带他到花都巴黎。但是他对都市里豪华放荡的生活丝毫不感兴趣，吸引他的唯有与数学有关的赌博。据说他演算精明，料事如神，多次使庄家倒庄。

1617年的一天，笛卡儿在大街上闲逛，偶然发现墙上贴有一张广告，他因好奇心的驱使，去看个究竟。然而，广告是用荷兰文写的，笛卡儿不认识。他抬起头来，四处张望，希望能找到一个懂荷兰文的人替他翻译一下。正好，有一个人走过来了，笛卡儿迫不及待地跑过去，请求他把广告翻译出来。那个人凑巧是荷兰大学校长，很高兴地把广告给笛卡儿翻译成法语。原来广告上是一道几何难题，公布于众，悬赏征求解答。笛卡儿理解了题目的意思后，在数小时内就求得了解答，锋芒初露，使他看到自己在数学上的才能。

笛卡儿决心游历欧洲各地，专心寻求"世界这本大书"中的智慧。因此他于1618年在荷兰入伍，随军远游。那是1619年11月10日的夜晚，笛卡儿连续做了三个奇特的梦。第一个梦是：自己被风暴从教堂和学校驱逐到风力吹不到的地方；第二个梦是：自己得到了打开自然宝库的魔钥；第三个梦是：自己背诵奥生尼的诗句"我应该沿着哪条人生之路走下去"。正是因为这三个梦，笛卡儿明确了自己的人生之路，可以这样说，这一天是笛卡儿一生中思想上的转折点。因而有人说，笛卡儿梦中的"魔钥"就是建立解析几何的线索。有些学者也把这一天定为解析几何的诞生日。

1621年笛卡儿退伍，并在1628年移居荷兰。他写道："在这个国家里，可以享受充分的自由；在那里可以毫无危险地安然入睡。"在那里住了20多年，为了"隐藏得好的人才活得好"这个座右铭，

"给我物质和运动，我将造出这个世界。"

——笛卡儿

▲此图描绘了笛卡儿的故乡莱耳市的建筑群。

更换了多次住所，但通常都是选择在一座大学或著名的图书馆附近。他的收入允许他租用一所小别墅，并雇用几个用人。他终生没有结过婚，不过住在荷兰期间，有过一位名叫海伦的情妇，她为笛卡儿生了一个女孩。笛卡儿非常爱她，可惜这个女孩5岁就夭折了，“这是他平生最大的悲伤”，为此笛卡儿伤心了很久。他把一生献给了对真理的追求与探索。

笛卡儿分析了几何学与代数学的优缺点，表示要去“寻求另外一种包含这两门科学的好处，而没有它们的缺点的方法”。体质虚弱的笛卡儿病倒了。他躺在病床上，依然思索着数学问题。突然，他的眼前一亮，一股脑儿从床上坐起来，目不转睛地望着天花板。原来，笛卡儿看到一只蜘蛛正忙忙碌碌在墙角结茧。它一会儿在天花板上爬来爬去，一会儿又顺着吐出的银丝在天空中移动。有时它离左壁近，离右壁远，离地面低；有时它又离左壁远，离右壁近，离地面高。总之，随着蜘蛛的爬动，它和两面墙的距离以及地面的距离，也不断地变动着。笛卡儿从蜘蛛结茧又联想起在军队时做过的梦，于是决定用点到两条垂直直线的距离来表示点的位置，这就是笛卡儿坐标。有了笛卡儿坐标，就可以把几何问题用代数方法来进行研究。笛卡儿创建了一门新的数学分支——解析几何。解析法的诞生，为解答几何三大难题奠定了基石。恩格斯高度评价笛卡儿的工作，他说：“数学中的转折点这个想法很重要，它的指导思想是笛卡儿的变数。有了变数，运动进入了数学，有了变数，辩证法进入了数学。”

在荷兰，笛卡儿写完了自己的《几何》，这一著作不长，但堪

“因此，要爱理性，让你的一切文章永远只从理性获得价值和光芒。”

——布瓦洛

称为几何学著作的珍宝。他在荷兰发表了多部重要的文集，包括了《方法论》、《形而上学的沉思》和《哲学原理》等。巴特菲尔德对其《方法论》作了高度评价："它是我们文明史上最重要的著作之一。"

1649年2月，瑞典女王克里斯蒂娜邀请笛卡儿到瑞典皇宫教她哲学。"克里斯蒂娜是一个热情而博学的贵妇，自以为她既然是君主，有权浪费伟人的时间。他寄赠她一篇关于爱情的论著，这是直到那时候他向来有些忽视的题目。"她每星期要听三次他的课，但必须在清晨5时给她讲授。他习惯晚起，但是现在要一星期有三天必须半夜起床，然后在酷冷的天气下，从他的寓所颤抖地走到女王的书房上课。如此经过了两个月，1650年2月1日清晨，笛卡儿因为着凉患了感冒，很快地又转成肺炎，病情严重。1650年2月11日，不幸在这片"熊、冰雪与岩石的土地"上与世长辞了。1667年，他的遗骸被运回巴黎，隆重地埋葬在圣格内弗埃——蒙特的圣堂中。1799年，法国政府又把他的遗骸供在法国历史博物馆中，与法国历史上的光荣人物在一起。1819年以后，他的遗骸又被安置在柏雷斯的圣日曼教堂中，供人瞻仰。墓碑上写着：笛卡儿，欧洲文艺复兴以来第一个为人类争取并保证理性权利的人。

我思故我在

笛卡儿认为："我们之所以有别于野人和牲畜，只是因为有哲

▼此图描绘的是笛卡儿给瑞典女王克里斯蒂娜上哲学课的情形。

学。而且应当相信，一个国家的文化和文明的繁荣，全视该国的真正哲学家繁荣与否而定。”正是基于这样的信条，笛卡儿开始了欧洲理性主义的哲学。

培根也曾明确地说过:“通过在我们时代已开始习以为常的远距离的航海和旅行，人们已揭露和发现了自然界中许多可使哲学得到新的光亮的事物。”这说明那个时代需要的是理性，而不是对教条的信仰。

▶**伽利略肖像画**
他在宗教法庭酷刑的威逼下，被迫当众宣布放弃其异端的观点。

伽利略对木星有若干卫星、卫星像月亮围绕地球那样绕着木星转这一发现印象尤其深。所有这一切证据都使他确信哥白尼理论的正确性。这对哲学和神学是一次粉碎性的、令人吃惊的打击。他的发现对富有思想的人们的影响是不可抵挡的。

“一切都破碎了，一切都失调了。”不过，这一时期中，知识界有两位领袖并没因这种表面上的混乱而心烦意乱。他们是思想谨严的笛卡儿和弗朗西斯·培根；他们指出了科学的潜力，并在上流社会中把科学提高到可与文学相比的地位。培根使用归纳法，归纳法是从事实开始的。

笛卡儿和培根看问题的方式完全不同。笛卡儿相信，通过清晰的思考，能发现理性上可认识的任何事物。到这一世纪末，笛卡儿的弟子已大量增加，不计其数。用一位历史学家的话来说：“各大学都信奉笛卡儿哲学，侯爵、科学业余爱好者、柯尔贝尔和国王是笛卡儿哲学的信徒。法国将动词‘使成为笛卡儿主义者’变位，欧洲热烈地仿效。”这种普及的意义在于，理性的探究和判断被扩展到各领域。所有的传统和权威都必须接受理性的检查。①

笛卡儿通过普遍怀疑的方法，指出不能信任我们的感官，想象把握不住事物的本质，而意志又常常犯错误。“要想追求真理，我们必须在一生中，把所有的事物都来怀疑一次。”他得出，“当我思维的时候‘我’存在，而且只有当我思维时‘我’才存在。假若我

①参见[美]斯塔夫理阿诺斯著:《全球通史》(1500年后的世界)，第十章《科学革命》。

停止思维，‘我’的存在便没有证据了。”所以，他必须承认的一件事就是他自己在怀疑。而当人在怀疑时，他必定在思考，由此他得出“我思故我在”。

笛卡儿将此作为形而上学中最基本的确定性，由此点出发，笛卡儿便开始动工重建知识大厦。他认为宇宙中共有两个不同的实体，即精神世界和物质世界（“灵魂”和“广延”），两者本体都来自于上帝，而上帝是独立存在的。他认为，只有人才有灵魂，人是一种二元的存在物，既会思考，也会占空间。

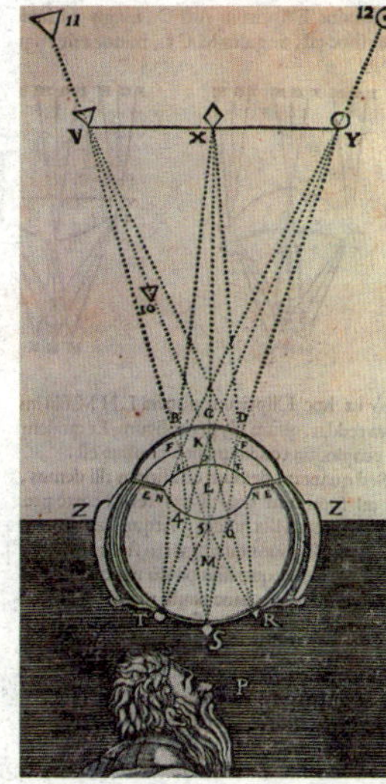

▲笛卡儿的《论人》被看做是第部生理学著作，该图显示了对图像的感官认知过程与肌肉反应之间的假想关系。

“‘我’是一个作为思维的东西：其全部本性或本质在于思维作用，而且为了它存在并不需要有场所或物质事物。“由于思维是精神的本质，精神必定永远在思维，即使熟睡时也如此。”要理解人脑从哪里获得思想，笛卡儿则回答道：“天使会告诉我。”而动物只属于物质世界。[①]他“把人和动物的肉体看成机器；动物在我看来完全是物理定律支配，缺乏情感和意识的自动机。”

能思维的人是美的，具有秩序的、规律的自然是美的，用理性指导的人类行为是美的。在笛卡儿看来，上帝就是“灿烂的光辉之无与伦比的美”。从天体到数量，都是上帝的作品，是美的载体，在纷繁的万物之下潜藏着和谐有序的自然规律，研究自然事物的规律就是观照上帝的美，无知就是最无意义的生活。因此，对称、简单、和谐等成为科学家广泛谈论的话题。笛卡儿是最先提出和确立科学美学信念的哲学家之一。

在西方美学史上，近代理性主义美学几乎是被遗忘的角落。正如鲍桑葵所指出：“严格意义上的哲学在这一时期几乎完全没有在任何名目下讨论过美学问题。”美学之于这些理性主义者，或许是意外的收获。而“这个理性主义对新古典主义时代的文艺实践和理论却产生了广泛和深刻的影响。”最主要的影响就是为审美制定了规则，一切都有一个中心的标准，一切要有法则，一切要规范化，一切要服从权威，而这就是“理性”，也就是“良知”，是普遍人性。只有来源于理性，依于理性，文艺才有其普遍标准。

①参见罗素著：《西方哲学史》笛卡儿一章，商务印书馆1980年版。

英国经验主义美学的兴起

——培根（1561～1626年） 洛克（1632～1704年）

十七八世纪的英国，在欧洲是一个先进国家，资产阶级革命和工业革命在英国比在其他欧洲国家都早一百多年。政治上的“自由”概念，宗教上的“自然神”概念，哲学上的经验主义以及文学上反映上升资产阶级要求、侧重情感和想象的浪漫主义理想都是由英国传到欧洲大陆的。

法德两国的启蒙运动在很大程度上都受到英国的影响。恩格斯谈到英国思想家对法国启蒙运动的影响时曾经指出：“如果法国在上世纪末给全世界做出光荣的榜样，那么我们也不能避而不谈这个事实：英国还比他早150年就已做出了这个榜样。”18世纪法国哲学家所“阐明的那些思想是产生在英国的”，这番话也适用于德国启蒙运动。

在美学方面，这个时期的英国美学著作和文艺实践也成为法德等国美学思想发展的推动力。英国戏剧的成就帮助了狄德罗和莱辛发展出市民剧的理论，打破了新古典主义的束缚；英国小说的成就帮助了卢梭和其他法国作家发展出反映市民现实生活的小说，英国带感伤气氛的歌颂自然的诗歌在欧洲唤醒了浪漫主义的情调。

虽然英国经验主义美学家们在个别代表的成就上没有人比得上狄德罗和莱辛，但是它们所代表的倾向对西方美学思想发展的影响却不是狄德罗和莱辛所能比拟的。他们有力地证明了感性认识的直接性和重要性以及目的论和先天观念的虚幻性，对莱布尼茨的理性主义树立了一个鲜明的对立面，推进了经验主义的发展。正是经验主义美学与理性主义美学的对立才引起了康德和黑格尔等人企图达到感性和理性的统一。英国经验主义美学是德国古典美学的先驱。①

①《朱光潜全集》第6卷第277页，安徽教育出版社1990年版。

从16世纪末到18世纪中叶的西欧哲学，无论是大陆的理性主义，还是英国的经验主义，因为本体论问题受到中世纪的影响，都开始转向认识论，经验论和唯理论的分歧和论战，也都是围绕着认识论问题而展开的。因为侧重点在认识论问题，就是我们如何能认识这个世界的问题，所以，这两种学派有一个共同点，就是都关注认识主体，无论是作为思想着的还是感觉着的主体。笛卡儿的"我思故我在"体现着大陆唯理论的特征，而洛克的"我们的一切知识都是建立在经验上的，而且最后是导源于经验的。"可以作为英国经验论的旗帜。

▲这是17世纪由不知名的画家所创作的培根的肖像。后人根据他的美学思想发展出了影响深远的经验主义美学。

不论是唯理论还是经验论，目的都是相同的，只是研究方法上的差别，或者说是所强调的重点不同。唯理论重理性，强调演绎，抬高理性的地位；经验论则强调从感性经验出发，重视对客观现象的差异，推崇实验，力求通过经验的分析和归纳的总结而得到真理。经验有两种，一为对外物的感觉，一为对内心活动的反省，这两种经验都离不开人的心理活动。强调经验归纳，必然强调心理活动，因为经验必然是心理活动和感觉的结果。

英国经验论美学就是建立在这样的经验论哲学的基础上和背景下的。因为哲学的本体论基础和认识方法的不同，所以得出的结论也不同。英国经验主义美学家把经验论强调主体感觉经验的世界观和倡导归纳和试验的方法应用到美学研究中，这样就必然要看重审美主体在审美活动中的作用，分析审美主体的感性经验的性质和特点。

英国经验主义美学把对审美主体的研究放在重要地位，随之就有对审美经验相关的感觉、想象、情感、意志等问题的研究，这些方面成为经验主义美学家关注的主要问题，这个时期美学家的兴趣是艺术欣赏的主体，它努力去获得有关主体内部状态的知识，并试图用经验主义的手段去描述和解释这种状态，关注的不是美的本质是什么，美的对象的性质是什么，而是关心主体的心理体验和审美主体吸收、认知艺术作品的一切心理过程。

这个时期的英国经验论美学所获得的美学成果就是“内在感官说”和“审美趣味论”，有的学者把18世纪称为“趣味的世纪”。总之，在研究对象上，英国经验主义美学把审美主体和审美主体的经验作为研究的出发点，在研究方法上，强调审美经验和审美心理，侧重归纳和分析的方法。在概念的解释上，力图使古典的美学概念获得新意，从而把古典美学的成果包容进来。本章我们简短介绍培根、洛克的美学思想。

培根（1561年1月22日～1626年4月9日），英国散文作家、哲学家、政治家，是近代归纳法的创始人，又是给科学研究程序进行逻辑组织化的先驱，所以尽管他的哲学有许多地方欠圆满，他仍旧占有永久不倒的重要地位。

培根是新贵族出身，毕业于剑桥大学。毕业后从政。他的主要著作是《伟大的复兴》，包括《论学术的进展》和《新工具》两册。1621年被指控犯有受贿罪而下台。培根过了5年退隐生活后，有一次把一只鸡肚里塞满雪做冷冻实验时受了寒，不久去世。他被称为“科学之光”、“法律之舌”，被马克思称为“现代实验科学的始祖”。

什么是观察试验呢？我们看看黑格尔所举的例子：人并不是停留在个别的东西上的，也不能那样做。他寻求共相；共相就是思想。“精神必须从差别上升到类。太阳的热与火的热是不一样的。我们看到葡萄在太阳热曝晒下成熟了。为了弄清太阳热是不是特殊的，我们又去观察别的热，发现葡萄在温室中也成熟了；这就证明太阳热并不是特殊的。”

什么是归纳呢？我们来看看培根自己的例子：单纯枚举归纳可以借一个寓言作实例来说明。昔日有一位户籍官须记录下威尔士某个村庄里全体户主的姓名。他询问的第一个户主叫威廉·威廉斯；第二个户主、第三个、第四个……也叫这名字；最后他自己说：“这可是够腻了！他们显然都叫威廉·威廉斯。我来把他们照这登上，这样就可以休假了。”可是他错了；单单有一位名字叫约翰·琼斯的。这表示假如过于无条件地信赖单纯枚举归纳，可能走上岔路。这个故事也说明归纳法的缺陷。

“读史使人明智，读诗使人灵秀，数学使人周密，科学使人深刻，伦理学使人庄重，逻辑修辞之学使人善辩；凡有所学，皆成性格。”

——培根

培根对自己的方法的评价是，它告诉我们如何整理科学必须依据的观察资料。他说，我们既不应该像蜘蛛（经院哲学家），从自己肚里抽丝结网，也不可像蚂蚁，单只采集，而必须像蜜蜂一样，又采集又整理。这话对蚂蚁未免欠公平，但是也足以说明培根的意思。

培根对于美学的贡献首先应从他的科学观点和科学方法去认识。由于他奠定了科学实践观点和归纳方法的基础，美学才有可能由玄学思辨的领域转到科学的领域，而在实际上由培根思想发展出来的英国经验派的美学也正是朝着科学的道路前进，特别是在对审美对象进行心理学的分析方面。

从古罗马西塞罗以后，美在于形状的比例和颜色，在西方已经成为流行的看法，培根却认为“秀雅合度的动作的美才是美的精华，是绘画所无法表现出来的。”这句话实际上区分了美与媚，以及说明了绘画不宜表现动作。还有，培根强调想象虚构、理想化和艺术家的灵心妙用的美学思想已经含有了浪漫主义的萌芽。[①]

总之，“我们需要用一个名字、一个人物作为首领、权威和鼻祖，来称呼一种作风，所以我们就用培根的名字来代表那种实验的哲学思考，这是当时的一般趋向。”[②]黑格尔如是说。

美只是一种观念

洛克（1632～1704年）出身贵族，清教徒，毕业于牛津大学，他原是学习古典文献的，但对亚里士多德和经院哲学感到厌恶，转向实验科学。

他精通医学、化学，1688年成为皇家学会会员。洛克终身未婚，著有《人类理智论》、《政府论》、《论宗教宽容的书信》等著作。

①《朱光潜全集》第6卷第226页，安徽教育出版社1990年版。

②参见罗素《西方哲学史》和黑格尔《哲学史讲演录》。

▶洛克像

英国哲学家、经验主义的开创人。他同时也是第一个全面阐述宪政民主思想的人，在哲学以及政治领域都有重要影响。

洛克是不列颠经验主义的开创者，认为心灵原本是一块白板，一个暗室或一张白纸，其中没有任何先验的观念或文字。我们的一切观念都来自经验。而向它提供精神内容的是经验（即他所谓的观念）。观念分为两种：感觉的观念和反思的观念。感觉来源于感官感受外部世界，而反思则来自于心灵观察本身。洛克强调这两种观念是知识的唯一来源。

洛克的经验主义美学是其哲学的一部分，直接就是经验主义哲学认识论在审美领域的应用。洛克认为，美就属于复杂观念之一种。“由几个简单观念所合成的观念，我叫它们为复杂的观念；就如美……”他认为美是一种观念，把美学研究的对象由客体存在转向主体自身分析观念，也就是从分析获得观念的主体心灵活动中寻找美的本质。

他实现了西方美学的主体性转向，而不是像以前，在主体心理之外的理念中或形式中去寻求美的本质。洛克美学的重要意义就在于他从分析认识主体的角度去探讨美的，为经验主义美学提供了哲学上的基础和方法论上的指引。侧重审美心理分析、注重主体的感觉经验正是经验论美学的主要特征之一。

出身于贵族家庭和作为新兴资产阶级的代表，洛克的审美教育是极端功利主义的。他认为：“在诗神的领域里，很少有人发现金矿银矿。”“除掉对别无他法营生的人以外，诗歌和游戏一样不能对任何人带来好处。”①

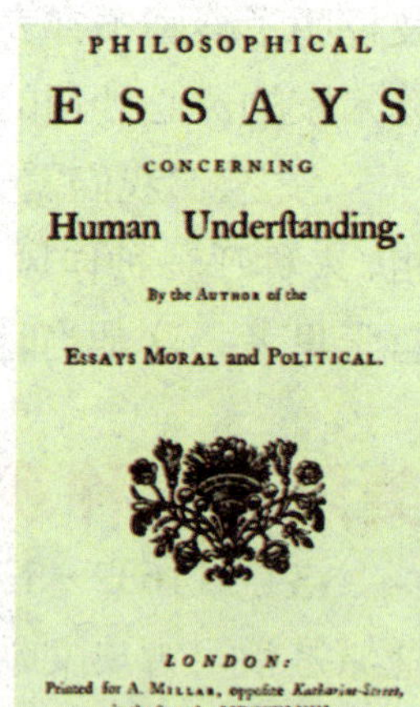

PHILOSOPHICAL
ESSAYS
CONCERNING
Human Underſtanding.
By the Author of the
Essays Moral and Political.
LONDON:
Printed for A. Millar, oppoſite Katharine-Street, in the Strand. MDCCXLVIII.

▲《人类理智论》(1689年)，洛克著。该书系统研究了人类理性的本质和范围，共用20年时间完成。

① 《朱光潜全集》第6卷第234页，安徽教育出版社1990年版。

夏夫兹伯里的美学贡献

——夏夫兹伯里（1671～1713年）

夏夫兹伯里（1671～1713年），全名是安东尼·埃势里·库博，夏夫兹伯里伯爵第三，1671年2月26日生于伦敦。祖父是夏夫兹伯里伯爵第一，是著名的辉格党领袖，也是哲学家洛克的挚友。父亲夏夫兹伯里伯爵第二，体质孱弱，智力平庸，所以，他在三岁起就由祖父来看护，祖父委派洛克对其进行教育。据说，11岁时，夏夫兹伯里就能很轻松地运用希腊文和拉丁文进行阅读了。

1683年进入温彻斯特的寄宿学校学习，1686年到国外旅行，学习了法语，并接触了欧洲很多著名的思想家、文学家和艺术家。天性害羞，喜欢学术。1689回到英国，过了5年的深居简出的隐居生活，专心研究古典艺术。1695年24岁当上议员，开始从政，后来遭到排挤。1709年结婚，婚后生有一子。1713年2月15日在那不勒斯因肺病去世。他的重要著作《论人，习俗，意见，时代等的特征》，在1711年出版并且产生重大影响。

美和善是同一的

如果说英国经验主义哲学和法国理性主义哲学都没有建立完整的美的理论的话，那么作为新柏拉图主义者的夏夫兹伯里，没有仿效法国新古典主义的模式，而是吸收了古典主义的精神，提出了与经验主义和理性主义美学都不同的美学思想，为现代美学提供了最

“美的、漂亮的、好看的都绝不在物质（材料）上面，而在艺术和构图设计上面，决不能在物体本身，而在形式或是赋予形式的力量。”

——夏夫兹伯里

好的基础。

他是一个自然神论者。他认为"是洛克把一切基本原则都打破了，把秩序和德行抛到世界之外，使秩序和德行的观念（这就是神的观念）变成不自然的，在我们心里找不到基础。"

他认为："凡是美的都是和谐且比例合度的，凡是和谐且比例合度就是真的，所以，凡是既美又真的在结果上就是愉快和善的。美、漂亮都绝不在物质，而在艺术和构图，也绝不在物体本身，而在形式或造成形式的力量。形式只是作为一种偶然的符号，显示出平息受挑动的感官和满足人类的动物性的事物，而美与善仍是统一的。"

审美内在感官说

他的美学的出发点就是认为人天生就有审辨善恶美丑的能力。审辨善恶的道德感和审辨美丑的美感是相通一致的，在美学史上最早提出审美的特殊感官的"内在感官"或者说是"内在的眼睛"即"第六感官"学说。后来由他的学生哈奇生进一步发挥。审美内在感官说强调审美的直接性、非功利性和社会性，对后来的启蒙运动产生重要的影响。

他认为人天生就

◀入浴的夫人　荷兰　伦勃朗

画中女主角是伦勃朗的妻子亨德里克，她提起衣裙，小心地迈步下水，脸上显出胆怯、温柔、喜悦的表情，优美、快乐隐藏在平凡、朴素中。画家所要表达的主题正在于此。画面和谐使人产生一种审美的愉悦。

美学辞典

自然神论（Deism，在拉丁文为Deus，即神）：在语源学上与有神论（theism）相同，二者均指相信有神的存在，它并没有一个完满的教义系统。是17到18世纪的英国和18世纪的法国出现的一个哲学观点。以理性为基础的神学理论，认为上帝创造了世界后就抛弃了它，不再支配生命，不再向自然现象施加影响力，也不再给超凡的启示。

有分辨美丑善恶的能力。主观的审美能力，不是视、听、嗅、触、味等外在感觉能力，而是一种心理的、理性的能力，而这种审美能力还不是动物性的那样只有感觉能力。“如果动物因为是动物，只具有感官（动物性的部分），就不能认识美和欣赏美，当然的结论就会是：人也不能用这种感官或动物性的部分去体会美或欣赏美，他欣赏美，要通过一种较高尚的途径，要借助于最高尚的东西，这就是他的心和他的理性。”这个理性，他认为相对于外感官而言，它是“内在的感官”。之所以称它是“感官”，是因为它尽管是心中的理性能力，却具有和感官一样的特点：自然性、直接性、可信性，不需要经过思考和推理，所以它在性质上还不是理性。眼睛一看到形状，耳朵一听到声音，就立刻认识到美、秀雅与和谐。行动一经察觉，人类的感动和情欲一经辨认出，也就由一种内在的眼睛分辨出何为美好端庄的、可爱的、丑陋的、可恶的等，这些分辨既然植根于自然，则分辨的能力也就应是自然，且只能来自于自然。

哈奇生在《论美和德行两种观念的根源》中（1725年）作如下区别：外感官（包括视、听、嗅、触、味等）提供的是“简单观念”，而“内在感官”产生的是“复杂观念”，美作为一种认识，属于复杂观念。“把这种较高级的接受观念的能力叫做一种‘感官’是恰当的，因为它和其他感官在这一点上相类似：所得到的快感并不起于对有关对象的原则、原因或效用的知识，而是立刻就在我们心中唤起美的观念。”“美的快感和在见到利益时由自私心所产生的那种快感是迥然不同的。”哈奇生强调审美的内在感官不涉及利害观念，是对其老师的一个补充，对后世美感研究产生了重要的影响。

美的三种形式

在作为自然神论者和新柏拉图主义者的夏夫兹伯里看来，宇宙体是预定的和谐，是神的艺术作品，“是一切可能世界中最好的世

▶**圣马太被召**
意大利 卡拉瓦乔
画面上大部分都处在黑暗中，只有主要人物通过来自顶部光线的集中照射而突出出来，这使画面的明暗对比十分强烈，以突出主要人物的善。

界”。恶与丑只是部分的，其作用在于衬托整体的和谐完美。人是小宇宙，主体心灵中的理性观念、高尚品德辉映着宇宙的和谐。美作为一种和谐的形式，只能来自物体以外并赋予它以形式的、创造形式的主动者。

创造形式的主动者有两种，“造物主”自然神的“第二造物主”人。神创造了一个和谐的、比例合度的宇宙，把美赋予宇宙和人。人作为“第二造物主”，可以创造出第二自然，他使包括艺术品在内的一切人工制品都具有比例合度的形式，赋予它们以美。这就有三种美的形式。

第一种是“死形式”，“由人或者自然赋予一种形状，本身没有赋予形式的力量”。它包括自然物与人所做的一切产品。

第二种是“赋予形式的形式”所产生的美，他们有智力，有行动，有作为。这一种形式有双重美，一方面有形式（心的效果），另一方面又有心。它使死形式具有美。

第三种是“造形的普遍的自然”，即造物主上帝、自然神，它是一切美的本原和源泉，它不仅赋予形式于物质，而且创造了“赋予形式于心本身”。因此，它才是第一性的美、最高的美，是美的本源。“建筑、音乐以及人所创造的一切都是要溯源到这类美”。

论审美趣味

——休谟（1711～1776年）

▲休谟像
休谟是18世纪英国著名的哲学家、历史学家、政治思想家和怀疑论者，他的怀疑论哲学一直影响着后来的哲学家。在美学上，他提出了审美趣味及其标准。

休谟（1711～1776年），18世纪英国著名哲学家、历史学家和经济学家。他的怀疑论和不可知论在近代哲学的发展中产生巨大影响，康德曾认为是休谟使他从独断的梦幻中苏醒过来。他的知觉经验论对于从19世纪下半期以来的现代西方哲学来说影响尤其巨大，成为这一时期一些国际著名学派如马赫主义、实用主义、逻辑实证主义等的主要理论基础。

“家世不论在父系方面或母系方面都是名门。”休谟自己说，“不过我的家属并不是富裕的，而且我在兄弟排行中也是最小的，所以按照我们乡土的习俗，我的遗产自然是微乎其微的。我父亲算是一个有天才的人，当我还是婴孩时，他就死了。他留下我和一个长兄，一个妹妹，让我母亲来照管我们。母亲是一位特别有德行的人，她虽然年轻而且美丽，可是她仍能尽全力于教养子女。我受过普通的教育，成绩颇佳。在很早的时候，我就被爱好文学的热情所支配，这种热情是我一生的主要情感，而且是我快乐的无尽宝藏。我因为好学、沉静而勤勉，所以众人都认为，法律才是我的适当的行业。”

作为一个小孩，他看上去很木讷。他母亲说他是个“很精细，天性良好的火山口，但是，脑袋瓜子却不怎么灵。”其实他很聪明，12岁就和哥哥进了爱丁堡大学学习法律。“不过除了哲学和一般学问的钻研而外，我对任何东西都感到一种不可抑制的嫌恶。”他自己说：“自从他开始阅读洛克和克拉克的作品以后，他就从来没有

“习惯是生活的伟大指南。”　　——休谟

得到过任何信仰的快乐了。”①

除了短暂时间作为家庭教师，将军的秘书以外，1752年休谟被选为爱丁堡苏格兰律师协会图书馆馆长，1763年做驻法国使馆秘书，后来代理公使，与法国启蒙运动领袖狄德罗等有过密切的交往。1767年休谟担任国务大臣的助理约11个月后退休还乡。还获得了英王每年300磅的薪金。他一生大部分时间都用来写作。1776年8月25日因为肠胃病而去世。这年的4月18日，他为自己写了陈述生平的自传。

他一生写了几本重要的著作。“任何文学的企图都不及我的《人性论》那样不幸。它从机器中一生出来就死了，它无声无臭的，甚至在狂热者中也不曾刺激起一次怨言来。”《人性论》和《人类理解研究》是他的重要的哲学著作。里面所阐述的经验主义和不可知论思想，使得他成为极少数不朽的人之一。还有被伏尔泰称为“或许是所有历史著作中最好的著作”的《英国史》。1756年写成了美学论文《论趣味的标准》。还有美学方面的文章《论悲剧》、《论艺术和科学的兴起和发展》。

美的本质

17～18世纪西方美学发展的一个显著特点是美学成为哲学的一个组成部分。

休谟是英国经验论哲学的完成者，同时也是近代欧洲不可知论的创始人。他也是西方近代怀疑论的主要代表。休谟哲学在他的美学领域占有重要的地位，他是经验主义美学的集大成者，其贡献完全是有独创性的。和他在哲学上的方法一样，在美学上他也主要运用心理分析方法去探讨他所关心的一些基本问题。

首先，他认为伦理学和美学与其说是理智的对象，不如说是趣

美学辞典

不可知论：是英文 Agnosticism 的意译。主张除感觉或现象以外，什么也不能认识，事物的本质或本体无法知道的哲学学说。不可知论一词有时也用以专指针对宗教教义而提出的一种学说，认为精神实体是否存在无法证明，上帝是否存在、灵魂是否不朽是不可知的。

①休谟著：《人类理解研究》后附“自传”，商务印书馆1982年版。

味和情感的对象。道德和自然的美，只会为人所感觉，不会为人所理解的。如果我们企图对这一点有所论证，并且努力地确定它的标准，那么我们所关心的则是一种新的事实，即人类一般的趣味。

其次，休谟讨论了美的本质问题，他说：如果我们考察一下哲学和常识所提出来用以说明美和丑的差别的一切假设，我们就将发现，这些假设全部归结到这一点上：美是一些部分的那样一个秩序和结构，它们由于我们天性的原始组织或是由于习惯或是由于爱好，适于使灵魂发生快乐和满意。这就是美的特征，并构成美与丑的全部差异，丑的自然倾向乃是产生不快。因此，快乐和痛苦不但是美和丑的必须伴随物，而且还构成它们的本质。[①]这段话的意思是说，首先，快乐构成美的本质，是美的特征，是美和丑的全部差异。其次，产生美的客观对象必须是各部分之间的秩序和结构。人的天性的原始组织、习惯、爱好是主观方面的构成部分，审美主体的快乐就是由于对象的条件适宜于主体心灵而产生的。

“我一向看事物总爱看乐观的一面，而不爱看悲观的一面。我想一个人有了这种心境，比生在每年有万镑收入的家里，还要幸福。”
——休谟

他还认为审美和认识是有区别的：“一切自然的美都依赖于各部分的比例、关系和位置；但是倘若由此而推断，对美的知觉就像对几何学问题中的真理的知觉一样完全在于对关系的知觉，完全是由知性或智性能力所做出的，那将是荒谬的。在一切科学中，我们的心灵都是根据已知的关系探求未知的关系；但是在关于趣味或外在美的一切决定中，所有关系都预先清楚明白地摆在我们眼前，我们由此出发根据对象的性质和我们器官的气质而感觉到一种满足或厌恶的情感。”他举例说：“欧几里德充分解释了圆的所有性质，但是对于圆的美在任何命题中都未置一词。理由是不言而喻的。美不是圆的性质，美不在于圆的线条的任何一部分，圆周各部分到圆心的距离是相等的。美仅仅是这个图形在那个因具备特有组织或结构而容易感受这样一些情感的心灵上所产生的一种效果。你们到圆中

①休谟著：《人性论》下册第333～334页，商务印书馆1983年版。

▲**贝戴勒儿童之死 法国 拉耶尔**
在休谟看来，因果之间不存在必然联系——即便是痛苦一类基本的情绪也是如此。

去寻找美，或者不是通过感官就是通过数学推理而到这个图形的一切属性中去寻求美，都将是白费心思。”①

纵观其全部哲学和美学观点，虽然休谟也强调美的来源的客观方面，如对象的合理构造等，但是，归根结底休谟还是认为人的心灵、情感、感受才是美的确定者。

休谟在《论趣味的标准》的论断如下：“美不是事物本身里的一种性质，它只存在于观赏者的心里。”美是由审美主体的情感附加给对象的，而审美主体情感则是依存于人心的特殊结构的。

不是美引起美感，而是美感决定美。正如他在《论怀疑派》里所说：在美丑之类情形之下，人心并不满足于巡视它的对象，按照它们本来的样子去认识它们；而且还要感到欣喜或不安，赞许或斥责的情感作为巡视的后果，而这种情感就决定人心在对象上贴上“美”或“丑”、“可喜”或“可厌”的字眼。很显然，这种情感必须依存于人心的特殊构造，这种人心的特殊构造才使这些特殊形式依这种方式起作用，造成心与它的对象之间的一种同情或协调。由

①休谟著：《道德原则研究》第143页，商务印书馆2001年版。

此休谟提出了“同情说”。休谟认为，同情产生大多数种类的美。

“同情”（sympathy）在英文中原意并不等于“怜悯”，而是设身处地地分享旁人的情感乃至分享旁物的被人假想为有的情感或活动。现代美学家一般把它叫做“同情的想象”。对象之所以能产生快感，往往由于它满足人的同情心，不一定触及切身的利害。例如我们看到肥沃的丰产的果园，尽管自己不是业主，不能分享业主的好处，但是我们仍可借助于活跃的想象，体会到这些好处，而且在某种程度上和业主分享这些好处，这就是运用了同情了。在这里，被称为美的那个对象只是借其产生某种效果的倾向，使我们感到愉快。那种效果就是某一个其他人的快乐或利益。我们和一个陌生人没有友谊，所以他的快乐只是借着同情作用，才使我们感到愉快。以后我们还会看到，同情说在柏克、康德以及许多其他美学家的思想里占有很重要的地位。李普斯一派的“移情”说和谷鲁斯一派的“内摹仿”说实际上都是同情说的变种。①

休谟还提出了美的“效用说”。“我们所赞赏的动物和其他对象的大部分的美是由方便和效用的观念得来的。”看到对象的效用，我们便会联想它可以给其拥有者带来利益和引起快乐的效果，所以借着同情也感到愉快。休谟以田地的美为例，指出：“最能使一块田地显得令人愉快的，就是它的肥沃性，附加的装饰或位置方面的任何优点，都不能和这种美相匹敌。”

他进一步对此分析说：“不过这只是一种想象的美，而不以感官所感到的感觉作为根据。肥沃和价值显然都与效用有关；而效用也与财富、快乐和丰裕有关；对于这些，我们虽然没有分享的希望，可是我们借着想象的活跃性而在某种程度上与业主分享到它们。”

美学辞典

怀疑论：意思是“深思的”。拉丁文中的派生词是scepticus，意思是“探求”或“深思”。一种对各个领域提出的见解表示怀疑的哲学态度。主张人类不可能获得正确之知识。它可能是指对一切知识之怀疑态度，也可能是指一种具有学术基础之理论，认为一切知识皆值得怀疑。古希腊哲学家高尔吉亚提出了著名的怀疑哲学的三个命题：“第一，无物存在；第二，如果有物存在，它们也无法为人所把握；第三，即使它可以为人所把握，也不可能把它说出来告诉别人。”休谟以经验主义为基础，而怀疑因果原理及归纳法之有效性。

①《朱光潜全集》第6卷第256页，安徽教育出版社1990年版。

可见美和对象的效用固然有关，但这种美却是要借助想象、通过同情作用而实现的。休谟说："世上再没有东西比人的想象更为自由；它虽然不能超出内外感官所供给的那些原始观念，可是它有无限的能力可以按照虚构和幻象的各种方式来混杂、组合、分离、分割这些观念。"

审美趣味及其标准

什么是审美趣味？审美是否有共同的标准？审美趣味就是鉴赏力或审美的能力，它是一种具有创造性的情感能力。

首先，他说："世人的趣味，正像对各种问题的意见，是多种多样的——这是人人都会注意到的明显事实。"但是，休谟认为尽管趣味仿佛是变化多端，难以捉摸，终归还是有些普遍性的褒贬原则；这些原则对一切人类的心灵感受所起的作用是经过仔细探索可以找到的。按照人类内心结构的原来条件，某些形式或品质应该引起快感，其他一切引起反感。之所以如此，因为人的"自然本性在心的情感方面比在身体的大多数感觉方面还更趋一致，使人与人在内心部分还比在外在部分显出更接近的类似。"我们想找到一种"趣味的标准"，一种足以协调人们不同感受的规律，这是很自然的；至少，我们希望能有一个定论，可

◀丘比特与普赛克 石雕 意大利 卡诺瓦

这件作品展现爱神丘比特使濒死的普赛克复活的那一刻，表达一个激情与爱恋、爱与死的主题。丘比特温柔的拥抱与普赛克无尽的依恋巧妙地结合在一起，似一曲低回婉转的音乐，顺着流畅的线条缓缓流动，又随着丘比特未及收拢的双翅徐徐上升，具有一种极美的意境。

美学辞典

休谟问题：休谟提出了一个疑问。他指出，单个的观察陈述不管数量多大，他们在逻辑上不可能蕴涵无限制性的普遍陈述。以收集特殊例子的观察现象为基础而建立普遍陈述的方法通常叫做归纳，并且被看做科学方法的标志。归纳问题又叫做“休谟问题”，从休谟时代到现在，这个问题一直困扰着哲学家们。

以使我们证实一种感受，否定另一种感受。休谟承认趣味的多样性、差异性、相对性，却没有走向相对主义，这就是说“趣味和美的真实标准”是确实存在的。休谟举例说：“同一个荷马，两千年前在雅典和罗马受人欢迎；今天在巴黎和伦敦还被人喜爱。地域、政体、宗教和语言各方面所有的变化都不能使他的荣誉受损。”[①]这说明审美趣味是具有共同性和一致性的。

尽管休谟肯定趣味有普遍原则和标准，却也没有绝对化，他认为时代和本国习俗，以及由于鉴赏者的性格、气质、年龄等方面的不同，对不同作家、不同内容、不同类型、不同风格、不同形式的作品所产生的不同偏好和喜爱也是正当的，有些趣味的差异是正常的、难免的，不能也不必用一种共同标准去协调。

休谟认为：“就一个批评家而言，只称许一个体裁或一种风格，盲目贬斥其他一切是不对的；但对明明适合我们的性格和气质的作品，硬要不感到有所偏好也是几乎不可能的事。这种偏好是无害的，难免的；按理说也无须纷争，因为根本没有解决此种纷争的共同标准。”

趣味既然具普遍原则和真实标准，那么为何人们会脱离趣味的普遍原则和真实标准，会对美做出不同判断和不正确感受？

休谟认为，首先，是因为“一切动物都有健全和失调两种状态，只有前一种状态能给我们提供一个趣味和感受的真实标准。”

其次，“多数人所以缺乏对美的正确感受，最显著的原因之一就是想象力不够敏感，而这种敏感正是传达较细致的情绪所必不可少的”。他举例说：我们不必乞灵于任何高奥艰深的哲学，只要引用《堂吉诃德》里面一段尽人皆知的故事就行了。桑科对那位大鼻子的随从说：“我自称精于品酒，这绝不是瞎吹。这是我们家族世代相传的本领。有一次我的两个亲戚被人叫去品尝一桶酒，据说是

①休谟著：《论趣味的标准》，人民文学出版社1963年版。

很好的上等酒，年代既久，又是名牌。头一个尝了以后，咂了咂嘴，经过一番仔细考虑说：酒倒是不错，可惜他尝出里面有那么一点皮子味。第二个同样表演了一番，也说酒是好酒，但他可以很容易地辨识出一股铁味，这是美中不足。你绝想象不到他俩的话受到别人多大的挖苦。可是最后笑的是谁呢？等到把桶倒干了之后，桶底果然有一把旧钥匙，上面拴着一根皮条。”

最后，他认为正当的审美情趣是可以培养出来的。

休谟哲学在美学领域也占有重要的地位，而且从方法论观点来看，其贡献完全是独创性的。休谟改造了美学论战的整个战场。①

“论崇高与美”的问世

——柏克（1729～1797年）

▶柏克像

柏克，英国著名政治家，被认为是保守主义的鼻祖。

柏克（1729～1797年），是人类历史上的一个天才、先知，他的很多预言都实现了。用当时一位与他熟识的著名作家的话说，是个“即使和他同在一个街棚里避雨5分钟，你就会受不了，但你会相信自己正和所曾见过的最伟大的人物站在一起”的人。

柏克1729年6月生于爱尔兰的都柏林，为英国人后裔，文化认同为英国人，后搬回伦敦居住。父亲是有名律师，信奉新教，母亲则是天主教徒，母亲的宗教信仰给他的影响颇大。1744年就学于都柏林的三一学院，学习古典语言，拉丁语，熟练到能欣赏西塞罗的作品。1750年到伦敦学习法律，但不

①转引自蒋孔阳等编：《西方美学通史》第3卷第354页，上海文艺出版社1999年版。

久即对法律失去兴趣而游学于英格兰和法国。

1757年当他28岁的时候，发表名为《论崇高和美两种观念的起源》。休谟称之为"一篇精彩的论文"。据说他是19岁开始写作这本书的。他的这部著作是在朗吉努斯以后和康德以前，西方关于崇高和美这两种审美范畴的最重要的文献。正如他自己所说："一个人只要肯深入事物表面以下去探索，哪怕他自己也许看得不对，却为旁人扫清了道路，甚至能使他的错误也终于为真理的事业服务。"[①] 1757年，柏克与一位爱尔兰天主教医生的女儿结婚。

柏克的后半生几乎完全与英国及欧洲的政治联系在一起。36岁时进入政治界，接着成为辉格党领袖罗金汉勋爵的秘书而进入下院，任该职直至后者于1782年去世。1774年，他被选为布里斯托尔的下院议员，任期6年。1780年，作为罗金汉勋爵控制的议员选区的下院议员直到1794年退休。

这个政治敏锐力、雄辩才能唯有后世的托克维尔和邱吉尔才可企及的政治家、政论家，却是一个悲剧性的人物，是一只"什么也没有捕获到的老鹰"。其在政治思想上颇有建树，主张限制英国王权，对英国国王权力加以制衡，但是他反对法国大革命，反对自由平等，其实是担心民主自由会造成暴民政治，在没有法制中的自由，出现暴动，从某一角度而言具有精英文化的利益取向，是历史上公认的十分精辟之论断。晚年在丧子之痛和对法国革命的仇恨中度过。1797年7月在英格兰的白金汉郡去世。他在哲学上是英国经验派继承者。

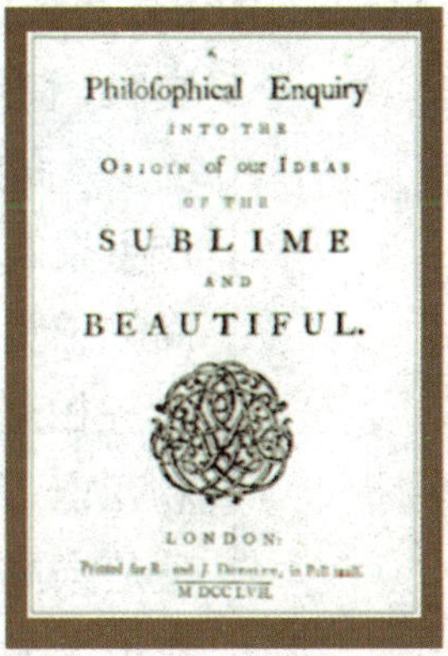

▲柏克的美学著作《论崇高和美两种观念的起源》
该书于1756年出版，是美学史上的重要作品。

崇高的根源和外在形式

柏克是西方美学史上第一个明确区分崇高与美的人。

崇高是西方美学史上的核心范畴之一，流传下来最早的有关崇高的文献是古罗马美学家朗吉努斯的《论崇高》。柏克是西方美学史上对崇高真正做出深入阐述的美学家之一，柏克首次区分了美与崇高。柏克也和同时期的其他美学家一样，在美学领域贯彻了经验主义哲学的方法和认识论观念。

① 《朱光潜全集》第6卷第276页，安徽教育出版1990年版。

柏克首先把人类基本情欲区分成两类：一类涉及自我保存，这种涉及自我保持的情感注重痛苦或危险，这种负面的情感比快乐的积极的情感更有力，正是这种适于激发痛苦或危险观念、让人产生恐怖情绪的事物是崇高的本源，自我保全是崇高的基础；另一类是社会生活，这种情感要求维持种族生命的生殖欲以及一般社交愿望或群居本能。社会交往是美感的基础：社会交往包括两性之间和一般的交往，这种情欲主要是与爱相联系，它引起的是积极的快感，而爱正是美感的心理内容。这类情欲是爱和美的根源。

自我保存的情绪即是当人类的生命受到外界威胁的时候，就会产生恐怖惊惧的情绪；恐怖是崇高的主导原则。只有当这种痛苦的、恐怖的和惊惧的情绪，能够与外界威胁现象保持安全适当的距离时，情绪才会缓和并得到克服，这时候就会产生转化为崇高的感受；崇高感来自于恐怖，人能以保持安全距离而克服恐惧感，就会产生崇高，然而如果人要是沉溺、深陷在惊恐中，就不可能产生崇高的感觉。

柏克说：“凡是可恐怖的也就是崇高的。”恐怖是由于害怕危险和死亡。因此无论是自然界或是现实生活中，凡是令人恐怖的事物便是崇高。尤其是力量，没有一个崇高的事物不是力量的变形。体积庞大显然是一种力量，而朦胧不清的形象，激起更动人的想象，所以比清朗的形象更崇高。对视觉引起恐怖情感的事物是崇高的，如毒蛇，猛兽，深不可测的海洋，等等。

崇高具有巨大的力量，不但不是由推理产生的，而且还是人来不及推理，就用它的不可抗拒的力量把人卷走。惊恐是崇高的最高效果。柏克认为，崇高感和美感都只是涉及客观事物的感性方面，即可用感官和想象力来掌握的性质，这种性质很机械地直接打动人类的某种情欲，因而立即产生崇高感和美感，理智和意志在这里都不起作用。

柏克对自然界和社会生活中引发崇高感的事物作了具体分析。第一是那些巨大的东西，例如无边无际的沙漠、天空，波澜壮阔的海洋等，体积上的庞大是崇高的有力原因。

其次，还有晦暗、模糊、不和谐事物，如埃及神庙、晚上漆黑的四周，就会感受到崇高感。多云的天空比蓝色的天空更壮丽，黑夜比白天更显得崇高和庄严。

第三，力量，例如有力量的动物会使人产生恐怖感是由于人们害怕这种力量会带来劫虐和破坏，一旦这种力量变成无害，可以为人类所利用，那么，这些动物就不再成其为崇高的对象了。在荒野中嗥叫的狼、雄狮、猛虎是崇高的。

第四，巨大的声响和寂静空无，例如滂沱的大雨，狂怒的风暴，雷电。巨大的声音突然停止也能产生崇高的快感。黑夜能增加我们的恐惧，模糊的鬼怪也能使我们的心灵产生震撼。最后是无限，无限使精神具有某种令人愉悦的恐惧倾向，这是崇高的本源。例如星光灿烂的天空，能激起我们壮丽无限的感觉，也是崇高的来源，但是单独一颗星星却不会产生崇高感，因为没有那种无限和壮丽。宏伟还是崇高的根源。

美的根源和表现形式

柏克认为美和崇高是对立的。如果崇高感是基于人类要保存个体生命的本能，它的对象虽然暗含危险而又不是紧迫的真正的危

▼托莱多风景
西班牙 格列柯
托莱多是离马德里不远的一座古城。对格列柯来说，这是一座完美的城市，一座冷色的威尼斯。这幅作品描绘的是画家主观想象中的风景，处在暴风雨前的城市表现了大自然的无比威力，这座无生气的、被恐怖的闪光所照射的城市似乎是静止的，好像虚幻的影像一样出现在卷起云朵的暗蓝色的天空之下，充满了悲剧气氛。根据柏克"凡是可恐怖的也就是崇高的"的观点，这幅作品便是崇高的、美的。

圣塞尔万德城堡：在画中作者将城堡做了变形处理。

阿尔卡萨尔要塞皇宫：作者缩小了宫殿与钟楼的距离。

托莱多的草木：这是作者极富创意的想象，增添了画面的恐怖色彩。

阿尔坎塔拉桥：作者根据作品风格的需要将桥做了改动。

“只要善良的人袖手旁观，邪恶就会奏凯而还。”

——柏克

险，那么它所引起的情绪主要是惊惧，是一种痛感，仿佛由自豪感和胜利感以及劳动或练习转化为快感。

美感则不同。“社会生活”的本能产生情爱、友爱的情绪；愉快的情绪还包括性爱情爱，交往的本能。本能发展实现，当人充分体验到爱的时候，人就会产生美的感受，故美来自社会生活的本能，当人能积极体验爱的时候，就会变成美。爱正是一般美感的主要心理内容，爱的对象总是具有“人体美的某些特点”。所谓美，是指物体中能引起爱或类似爱的情欲的某一性质或某些性质。爱所指的是在观照任何一个美的事物时心里所感觉到的那种喜悦。爱不等于情欲，情欲是为了占有。爱是在心里所感觉的满意，欲念只是迫使我们占有某些事物的一种心理力量，例如我们可以对一个不太美的女人引起强烈的欲念，但是人类或其他动物的最高的层次美，虽然能引起爱却丝毫不引起欲念，这也说明美和爱所引起的情感是不

◀青春 挪威 蒙克

《青春》是蒙克的代表作之一，画中描绘了一位十分孱弱的青春少女的形象，她双手紧张地交叠膝部，对眼前的世界充满了一种莫名其妙的恐惧感。虽然少女本身的容貌和身材很普通，但她的娇弱让欣赏者产生一种怜爱的感觉，这就是美的外在本质。

同于欲念的，尽管欲念和爱有时是共起作用的。

柏克分析了美的外在性质，首先，那些小的东西，会产生让人怜爱的感觉，如小坏蛋产生怜惜的感觉；小鸟、小猫之类，很少听说“一个美丽的大家伙”，我们总是用“小可爱”、“小亲爱的”来形容亲昵的喜爱。如小宝贝、小鸟儿等。

其次是平滑光亮的东西，例如，树木和花卉的叶子都是光滑的，还有平滑的小溪等。

第三，曲线的东西，如英国大画家荷加斯即认为蛇行的线是最美的线，还有那些优美的海岸线等。

第四，颜色上明晰的东西，那些明晰的颜色总能让我们对对象产生美感，色彩鲜明但不刺眼，若有刺眼的颜色要配合其他颜色使其得到调和。

最后就是很轻很柔的东西，例如娇柔的美女，娇柔的鲜花等。

总之，美的真正原因是：小、光滑、逐渐变化、不露棱角、娇

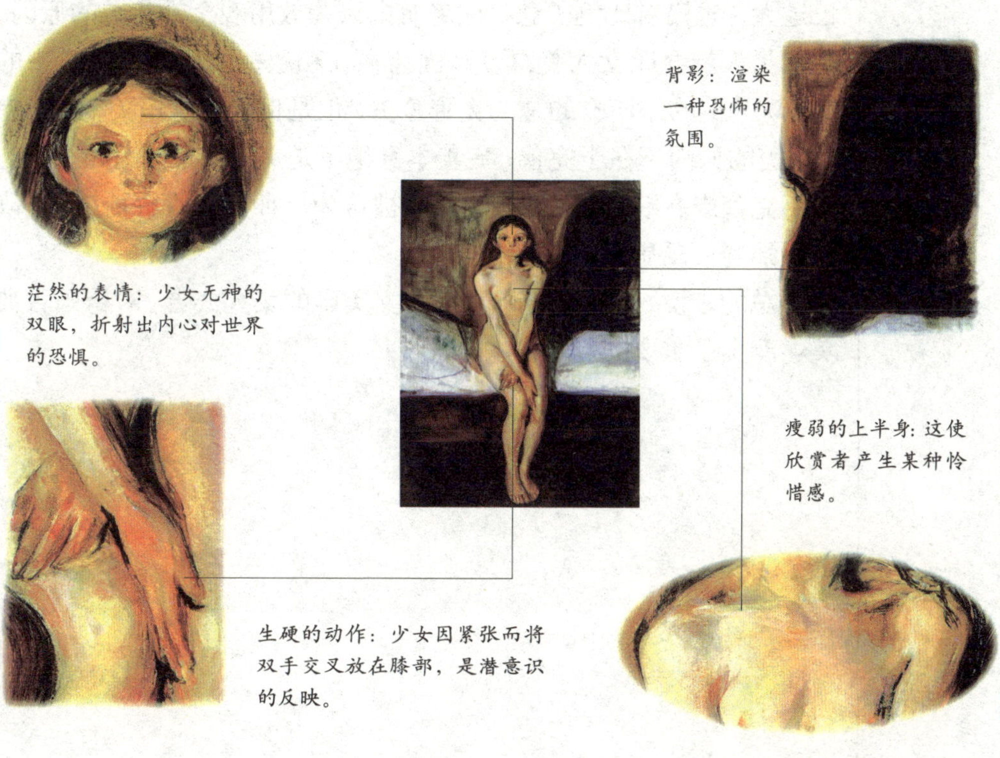

▲《青春》解析图

弱以及颜色鲜明而不强烈等，这些美所存的特质是不由主观任性改变的。

对美的原因说的批判

柏克对传统的美的原因学说进行了批判。他认为美的原因不在比例、适宜或效用，也不在完善或圆满。美往往被认为是各部分之间某种比例形成的，但是我们可以去怀疑美是否属于比例的一种观念，因为比例几乎只涉及便利，所以应看做理解力而不是影响感觉和想象的首要原因。因为比例是对于相对数量的测量，显然一切数量既然是可分的，任何数量所分成的每一部分都要和其他各部分或全体形成某种关系，这些关系就形成比例关系的根源。例如，天鹅很美丽，但没有比例可言，头小脖子细，身体圆；孔雀美丽，但尾巴过大，也没有比例美感；或者有人认为效用观念就是美的原因，那么男人就会比女人美得多，因为强壮和敏捷就应该看做唯一的美；认为美的东西有的是为完善才美，但是例如美女虽美，但不完善。美的原因不在于完善，完善本身绝不是美的原因，例如谦虚是对不完善或有缺点的默认，它一般被认为一种可爱的质量，而且确实加强其可爱质量的效果。

总的来说，柏克是英国经验主义美学的集大成者，对德国古典美学产生了重要的影响。

第四章

18 世纪启蒙主义美学

启蒙运动在西方思想上具有划时代的意义，启蒙主义者以理性精神为批判的武器，对现存的一切蒙昧思想进行猛烈攻击，力图将旧观念一扫而光，全面开启人们的思想。启蒙主义美学在启蒙思想的影响下也获得了空前的发展，产生了卢梭、狄德罗等伟大的美学家。

启蒙主义美学的兴起

启蒙运动是近代思想革命的一个高峰。它大约于1680年发生在英国，以后很快地传到北欧大多数国家，并且在美洲也发生了影响。但是启蒙运动的最高表现是在法国，它真正重要的阶段是在18世纪。历史上很少有别的运动像启蒙运动那样对人的思想和行动发生如此深刻的影响。

卡西尔说："启蒙运动继文艺复兴运动之后兴起，并且继承了它的精神财富。"而文艺复兴的本质是热爱人和自然，把宗教放在从属的地位。人文主义者一般认为人性是善良的，人文主义者努力要恢复的是希腊和罗马的古代文化。人类，正如莎士比亚在《哈姆雷特》中那段对人类的经典称颂："宇宙的精华！万物的灵长！"启蒙运动的内容和影响都大大超过了文艺复兴运动。

18世纪是欧洲历史上一个风云变幻的时代，各种新思想、新意识不断涌现。以法国学者为代表的启蒙思想家，自觉地以理性

▼爱丁堡大学
在启蒙运动时期，爱丁堡大学有许多知识分子从事着各门科学的研究工作。

为武器，批判一切、评价一切。他们深信理性是至高无上的，无论是政治还是上帝，都要由它来解释和判断。他们相信理性是引导人们去发现和确立真理的独创性理智力量，它能使人穿透一切迷雾，认识一切未知领域，并使人类过去的一切秘密都将不再隐没于黑暗之中。

◀自然科学的发展对启蒙运动有着重要的推动作用，图为17世纪伦敦皇家学会的罗伯特·胡克设计的显微镜。

在哲学上，笛卡儿的“我思故我在”为理性主义吹响了号角，笛卡儿认为认识世界和取得知识的唯一方法是数学推理；“知识就是力量”是人们肯定自身理性能力的旗帜，培根则提出了从特殊到一般、从具体到抽象的归纳法；而霍布斯说：“我们既没有神的观念，也没有灵魂的观念。”

启蒙运动之发生，也与自然科学的发展有着密切的关系。在17、18世纪，自然科学有了突飞猛进的发展，为启蒙思想提供了锐利武器，因为启蒙思想家在许多方面是从新兴的自然科学中寻找理论根据和思想方法的。在牛顿的启发下，启蒙思想家们力图发现支配人事和社会的永恒法则。正如康德所说：“人是自然界的立法者。”

什么是启蒙运动

启蒙运动何以能对人的思想和行动发生如此深刻的影响？这一切都与一个词相系，即理性。“当18世纪想用一个词来表述这种力量的特征时，就称之为‘理性’。‘理性’成了18世纪的汇聚点和中心，它表达了该世纪所取得的一切成就。”

狄德罗在《百科全书》的“理性”一条中指出，理性除了其他含义外，有两种含义是与宗教信仰相对而言的，即一是指“人类认识真理的能力”，一是指“人类的精神不靠信仰的光亮的帮助而能够自然达到一系列真理”。启蒙学者所谓的理性就是在这两种含义上使用的。在他们看来，理性是一种“自然的光亮”，他们的使命就是要用这种理性之光去启迪人类，去照亮中世纪宗教神学幕布下的黑暗和愚昧。

正如恩格斯在《社会主义从空想到科学的发展》中所说："宗教、自然观、社会、国家制度，一切都受到了最无情的批判；一切都必须在理性的法庭面前为自己的存在作辩护或者放弃存在的权利。思维着的悟性成了衡量一切的唯一尺度。那时，如黑格尔所说的，是世界用头立地的时代。以往的一切社会形式和国家形式、一切传统观念，都被当做不合理的东西扔到垃圾堆里去了；到现在为止，世界所遵循的只是一些成见；过去的一切只值得怜悯和鄙视。只是现在阳光才照射出来，理性的王国才开始出现。从今以后，迷信、偏私、特权和压迫，必将为永恒的真理，为永恒的正义，为基于自然的平等和不可剥夺的人权所排挤。"

正如托马斯·汉金斯在《科学与启蒙运动》中写道：任何一个相信具有利用其理性改正以往错误的人，都会在启蒙运动中找到价值；启蒙运动所宣传的天赋人权、三权分立、自由、平等、民主和法制的思想，推动了资产阶级的革命和改革，成为近代资本主义社会的立国之本。

▼作为启蒙运动的领军人物，伏尔泰的思想全面影响了18世纪的欧洲。

启蒙运动的影响

启蒙运动还影响到德国、西班牙、意大利、奥地利等几乎全欧所有地区，甚至还横渡大洋，传到了美洲。

"启蒙时代的欧洲是法国的欧洲"，启蒙运动的中心在法国，法国启蒙运动的领袖则是伏尔泰。他的思想对18世纪的欧洲产生了巨大影响，所以，后来的人曾这样说："18世纪是伏尔泰的世纪。"

在美学方面，这个时期的英国美学著作和文艺实践也成为法德等国美学思想发展的推动力。英国戏剧的成就帮助了狄德罗和莱辛发展出市民剧的理论，打破了新古典主义的束缚；英国小说的成就帮助了卢梭和其他法国作家发展出反映市民现实生活的小说，英国带感伤

“启蒙运动就是人类脱离自己所加之于自己的不成熟状态。要有勇气运用你自己的理智！这就是启蒙运动的口号。”

——康德

气氛的歌颂自然的诗歌在欧洲唤醒了浪漫主义的情调。虽然英国经验主义美学家们在个别代表的成就上没有人比得上狄德罗和莱辛，但是它们所代表的倾向对西方美学思想发展的影响却不是狄德罗和莱辛所能比拟的。他们有力地证明了感性认识的直接性和重要性以及目的论和先天观念的虚幻性，对莱布尼茨的理性主义树立了一个鲜明的对立面，推进了经验主义的发展。正是经验主义美学与理性主义美学的对立才引起了康德和黑格尔等人企图达到感性和理性的统一。英国经验主义美学是德国古典美学的先驱。[①]

英国经验主义美学把对审美主体的研究放在重要地位，随之就有对审美经验相关的感觉、想象、情感、意志等问题的研究，这些方面成为经验主义美学家关注的主要问题，这个时期美学家的兴趣是艺术欣赏的主体，它努力去获得有关主体内部状态的知识，并试图用经验主义的手段去描述和解释这种状态，关注的不是美的本质是什么，美的对象的性质是什么，而是关心主体的心理体验和审美主体吸收、认知艺术作品的一切心理过程。这个时期的英国经验论美学所获得的美学成果就是“内在感官说”和“审美趣味论”，有的学者把18世纪称为“趣味的世纪”。

法国在17世纪领导了新古典主义运动。正如爱尔维修说：“一个民族的政体的风俗习惯方面所起的变化必然引起他们的审美趣味的变化。”法国新古典主义的原型只是拉丁古典主义。高乃依和拉辛在悲剧方面的成就就在于排场的宏伟，形式技巧的完美和语言的精练，这些都是继承了拉丁古典主义的优秀品质。

在理论方面，布瓦洛的《诗艺》尽管与贺拉斯的《诗艺》时隔千年，但是给人的感觉就是如出一辙。正如马克思谈到法国资产阶级革命时候所指出的那样：穿着古罗马的这种久受崇敬的服装，用这种借来的语言，演出世界历史的新场面。18世纪的启蒙运动者们

① 《朱光潜全集》第6卷277页，安徽教育出版社1990年版。

▶ 杜·莎特雷侯爵夫人是积极投身于启蒙科学领域为数不多的妇女之一。她将牛顿的《数学原理》译成了法文，还与伏尔泰合作编写了一本关于牛顿自然哲学的著作。

对新古典主义文艺的体裁种类（史诗、悲剧、喜剧等），题材（大半用古代英雄人物的伟大事迹），语言形式（谨严的亚历山大格）和传统的规则（如三一律），有时感觉到拘束，要求其结合现实生活，有较大的自由。

他们还是赞同新古典主义者所提倡的普遍人性："审美趣味的基本规则在一切时代都是相同的，因为它们来自人类精神中的一些不变属性。"但是，达兰贝尔的话也可以反映出启蒙运动者们对于"规则"的态度："诗人是这样的一个人，人们要求他戴上脚镣，步子还要走得很优美，应该允许他有时轻微地摇摆一下。"

德国正如我们上面提到的那样，在启蒙运动中，它们也表现出在理论方面的特长。德国启蒙运动是从一个新古典主义运动开始的。德国启蒙运动时期的文艺思想在抽象思考和抽象讨论上的倾向显著。出现了戈特舍德的《批判诗学》和鲍姆加登的《美学》；在内容上，因为现实状况与法国不同，所以复古倾向显著。①

美学辞典

启蒙：英文是Enlightenment。从词的意义来看，它的含义是阐明、澄清、照亮。它给人启发和启示。演变成专有名词"启蒙运动"时，它的意思是思想解放运动、社会解放运动。在法语中，启蒙一词既有"光明"的意思，又用来指"伟人"，其复数则表示"智慧"、"知识"。中国古代对启蒙解释为：启，开也。蒙，阴暗也。启蒙：开导蒙昧，使之明白事理。

① 《朱光潜全集》第6卷第201～318页，安徽教育出版社1990年版。

美与审美力学说的提出

——卢梭（1712～1778年）

▲**卢梭像**
卢梭在哲学上强调情感高于理智，信仰高于理性。在社会政治观方面，提出天赋人权说，主张返回自然，有“自然主义之父”之称。在教育上，被称为“教育史上的哥白尼”，主张让儿童的身心自由发展。在美学上创造了著名的审美力学说。

卢梭（1712～1778年），他的思想标志着浪漫主义的诞生。

卢梭自己说：“上帝在创造我之后，把造我的模子打碎了。”卢梭的自负不是一种盲目的骄傲。他，由一个无人管教的孩子走上光荣之路，一个流浪汉成了思想家，一个染上恶习的学徒成为了严肃的伦理家。

卢梭的高祖原是法国新教徒，因躲避宗教迫害于16世纪中期来到瑞士。

“祖父留下的财产本来就很微薄，由15个子女平分，分到我父亲名下的那一份简直就等于零了，全家就靠他当钟表匠来糊口。我父亲在这一行里倒真是个能手。我母亲是贝纳尔牧师的女儿，家境比较富裕；她聪明美丽，我父亲得以和她结婚，很费了一番苦心。”

他的母亲在他出生后就去世了，他的父亲有读书的癖好。他出生在日内瓦，但是他一生的大部分时间是在法国度过的。卢梭一度因为迫害而到英国居住，不久又回到法国。他家境贫寒，没有受过系统的教育，当过学徒、杂役、家庭书记、教师、流浪音乐家等。18世纪30年代，与华伦夫人同居期间，生活才稍稍稳定，安心读书、思考问题、写作。

18世纪40年代，卢梭在社会和生活的道路上艰难地踯躅，尝遍人间的辛酸。卢梭一辈子都是在流浪之中。他寄人篱下却没有失去个性的独立。他的自信、幻想、多愁善感，是他成功的源泉。1749年，他的《科学与艺术》使他一举成名。1755年，发表《论人类不平等的起源和基础》，1761年发表小说《新爱洛绮丝》。1762年，《社

▲卢梭在《爱弥儿》中像一个老学者一样主张进行“否定式教育”，也就是“不传授美德和真理，而是要保证做坏事的心和错误的精神”。

会契约论》和《爱弥儿》出版。晚年时最有名的著作是《忏悔录》。

卢梭不但是一个思想家，也是一个文学家和音乐家。他是一个有爱情魔力的人。他“为他永不曾满足的爱情所克服”。他作品中饱满的热情赚得了贵妇们的热泪。1745年，苔莱丝·勒瓦塞成为卢梭的情妇，当时她是一个23岁的女仆，她同卢梭同居了33年，直至卢梭过世。而且直到最后的弥留之际，卢梭还说自己是“世界上最孤独的人”。

虽然在生前，他认识很多名人并得到他们的帮助，包括百科全书派的很多人，还有休谟等人，但是他没有得到人们的友谊，可能是因为“他的性格，他的人生观，他衡量价值的尺度，他的本能反应等，都同启蒙时代加以赞许的东西大相径庭”的原因，但是正如他自己曾言称的那样，后人一定会为他塑像，而且“作为让·雅克·卢梭的朋友，将不是空虚的荣誉”。法国大革命期间，卢梭被安葬于巴黎先贤祠。

《社会契约论》也许是卢梭最重要的著作，其中开头写道：“人生而自由，却无往而不在枷锁之中。”

卢梭的名字与启蒙运动是以一种奇特的方式联系起来的。在启蒙运动中，理性成为时代的唯一原则和精神。启蒙思想家为理性、文明所取得的辉煌成就而自豪，并相信“理性的王国”即将到来。但是，正如赫尔岑所指出的那样：“当伏尔泰还在为文明跟愚昧无知作战时，卢梭却已经痛斥这种人为的文明了。”

卢梭认为，人类心灵的破败与艺术、科学的进步成正比，卢梭劝告人们返回自然。科学与艺术不是敦风化俗而是伤风败俗。一个健全的社会是不需要装饰的。艺术不是产生于需要，而是产生于奢侈。卢梭强调，艺术与科学的进步并没有给人类带来好处。他认为知识的积累加强了政府的统治而压制了个人的自由，物质文明的发展事实上破坏了真挚的友谊，取而代之的是嫉妒、畏惧和怀疑。

卢梭认为，对人类来说，仅有理性是不够的，因为理性不是道德的充足基础，不能从根本上保证人类为善，理性虽然有助于人认识事物，建构后天的观念或知识，却无助于人类德性的完善。“理性欺骗我们的时候是太多了”。“与其用理性的光芒，倒不如按照我的良知所授的旨意去予以解决”。在我们的灵魂深处生来就有一种正义和道德的原则，这就是良心。良心就是我们心灵深处关于正义和道德的先天原则。“按良心去做，就等于服从于自然，就用不着害怕迷失方向”。可见，不同于关注科学、理性、文明与进步的启蒙思想家，卢梭更关注人类的精神生活与道德完善。

他还以清教徒一样的态度批判了戏剧。卢梭认为是戏剧动摇了整个社会制度，无耻地破坏了作为整个制度基础的一切神圣关系，使令人尊敬的东西成为笑柄，从而使美德丧失、趣味败坏、心灵腐化、风尚解体、信仰崩溃。戏剧不是什么道德学校，而是社会风气和道德水准下降的罪恶渊薮。他引述普鲁塔克讲的一个故事：一个雅典人在剧院中找不到座位，却遭到满场雅典青年的怪声嘲笑。斯巴达使者见到这一情景，立即起身把老人迎上贵宾席。在卢梭看来，设有剧院的雅典放逐许多伟人，处死苏格拉底，都是在剧院中准备的，这直接导致了雅典的衰落。其次，他还认为观众在剧院里，谁都忘记了自己的朋友、邻居、亲戚，只一心迷醉于荒诞不经的故事。特别是那些女观众，太太和小姐们在包厢里尽可能展示她们的风姿，就好像在商店的橱窗里等待买主；如果舞台曾经有过什么道德教化，那么一到更衣室就被迅速遗忘了。他还从戏剧的内容，剧场的费用，演员的道德，戏剧的效果等方面进行了批判。剧院中的道德气氛是虚假的，是对剧院外的道德生活的最大亵渎。

卢梭思想的起点恰好是启蒙运动的终点。卡西勒如是评价他："卢梭是启蒙运动的真正产儿，尽管他攻击了启蒙运动而且取得了胜利，卢梭并没有推翻启蒙运动，他只不过是移动了一下启蒙运动的重心。"

感伤的自然主义

卢梭没有系统的美学思想，但是卢梭是感伤主义的代表和"浪漫主义之父"。所谓"浪漫主义"，就是强调以自我的情感、个性和自由，而不是以理性作为评判事物的标准。

罗素指出，卢梭是"浪漫主义运动之父，是从人的情感来推断人类范围以外的事实这派思想体系的创造者"。[①]更重要的是他为浪漫主义运动奠定了哲学基础。卢梭说："没有信仰的哲学是错误的，因为它误用了它所培养的理智，而且把它能够理解的真理也抛弃了"；"上帝存在的问题并不是理性所能解决的。信与不信，任我们自由选择。"

卢梭发出"回归自然"的呐喊，他认为"自然曾使人幸福而善良；但文明社会却使人堕落而悲苦"，在自然状态（动物所处的状态和人类文明及社会出现以前的状态）下，人本质上是好的，是"高贵的野蛮人"。卢梭劝告人们返回自然，追怀太古时代的纯朴，他为人类远离自然而遗憾。他指出人们的全部习惯都只是一种强制、束缚和服从，人从生到死都处于奴役之中，他一出生就被裹在襁褓之中，死后则被钉于棺木内，只要当他保留着人的面孔活在世上，他就总为文明教育所羁绊。

卢梭认定："出自造物主之手的东西，都是好的，而一到了人手里，就全变坏了。"[②]文明人毫无怨言地带着他们的枷锁，野蛮人则决不向枷锁低头，他宁愿在风暴中享受自由，不愿在安宁中受奴

"伏尔泰是旧世界的终点，卢梭是新世纪的开端。"

——歌德

①罗素著：《西方哲学》卢梭一节。
②卢梭著：《爱弥儿》（上）第5页，商务印书馆1997年版。

役。他热诚地呼喊：还是回到我们的茅屋去住吧，住在茅屋里比住在这里的皇宫还舒服得多！他所指的“自然”，不仅是纯朴的自然界，更重要的是自然的情感，自然的天性。卢梭把自然状态这个概念作为一个标准和规范来使用。卢梭只是以纯朴的自然状态作为一种理想的参照物来批判邪恶的文明社会。

他发出了挽救人类自然情感的呼喊。那探究人类情感的、质朴而不朽的教育思想著作《爱弥儿》曾经使康德激动不已。他断然宣称：“我决定在我的一生中选择感情这个东西。”

卢梭致力于个性的张扬与解放，对自然情感的歌颂，对大自然的美的细腻观察和优美描写，以及它的耽于幻想、充满感伤之情的文风，在其后几乎所有重要的浪漫主义作品中都留下了深刻印迹。

从卢梭开始，理想和现实的矛盾一直是浪漫主义文学的主题之一。他强调人类情感中所固有的直觉、自发性、本能、热情、意志和欲望等创造作用。而这些正是长期以来被古典主义和启蒙运动的主潮所忽视或低估的。

在《爱弥尔》一书中，他认为：“一切真正美的典型存在于大自然之中。”这种美是来自造物主，也就是来自上帝。他认为人类应该追求的是这种真正的自然美。当然，按照卢梭的想法，这种美

▲卢梭在阿蒙农维拉的墓地

歌德是《忏悔录》的忠实读者，他曾经写过：“因为有了伏尔泰，旧世界才结束；而新世界的开始则是因为有了卢梭。”

▶**纪念卢梭的革命寓意画**
因为卢梭是提出普遍意愿的理论家，所以他被看做是法国大革命之父。

也包括符合自然和人类本性的道德美。他反对追求那种违背自然的“臆想的美”，所谓臆想的美是指完全由人兴之所至和凭权威来断定的美。

为了追求真正的美，他提出了审美力这个概念。审美力就是对大多数人喜欢或不喜欢的事物进行判断的能力。他认为审美力是人的一种天赋感受力。审美力因人而异。一定的社会环境可以培养审美力。

卢梭把自然美作为审美的标准：“假如美的性质和对美的爱好是由大自然刻印在我的心灵深处的，那么只要这形象没有被扭曲，我将始终拿它做准绳。”但是他还认为审美的标准是有地方性的，许多事物的美或不美，要以一个地方的风土人情和政治制度为转移；而且有时候还要随人的年龄、性别和性格的不同而不同，在这方面，我们对审美的原理是无可争论的。[①]

正如卢梭自己在1782年出版的自传《忏悔录》中所说：“不管末日审判的号角什么时候吹响，我都敢拿着这本书走到至高无上的审判者面前，果敢地大声说：“请看！这就是我所做过的，这就是我所想过的，我当时就是那样的人。不论善和恶，我都同样坦率地写了出来……万能的上帝啊！我的内心完全暴露出来了，和你亲自看到的完全一样，请你把那无数的众生叫到我跟前来！让他们听听我的忏悔，让他们为我的种种堕落而叹息，让他们为我的种种恶行而羞愧。然后，让他们每一个人在您的宝座前面，同样真诚地披露自己的心灵，看看有谁敢于对您说：‘我比这个人好！’”

①李醒尘著：《西方美学史教程》第155页，北京大学出版社2005年第2版。

现实主义美学的胜利

——狄德罗（1713～1784年）

狄德罗（1713～1784年）是“百科全书派”的精神领袖，《百科全书》的主编和组织者，18世纪法国启蒙哲学的杰出代表，而且是重要的文学家、出色的艺术批评家和美学理论家，他为戏剧、绘画和美学建立了完整的理论体系。

他的最大成就是编著《百科全书》（1751～1772年）。此书概括了18世纪启蒙运动的精神。《百科全书》有28卷，从1751年出版第一卷到1772年发行最后一卷，前后经历了21年的时间。狄德罗为它倾注了毕生的精力，这是他一生中最杰出的贡献。

1713年10月5日，狄德罗生于法国朗格尔一个有名的制刀师傅家庭。在那里，经营刀剪业是一种光荣。从13世纪起，许多刀剪匠定居，每家都有自己的商标。他家道小康，童年曾受过耶稣会学校教育，15岁毕业，志愿为神父。

▼狄德罗像
狄德罗早期的作品都不成功。《哲学思想录》被巴黎最高法院下令公开销毁，又因写《谈盲人的信》而入狱，但后来编纂的《百科全书》使他青史留名。

他父亲最虔诚于宗教，亲自送他到巴黎，进路易大帝学校就读。但是到了巴黎之后，他的求知欲大开，几乎无所不读，无所不究。19岁得学位，即弃神学，改学法，由于拒绝做神父，他父亲大怒，从此不再接济他。为生活所迫，他当过家庭教师、起草布道程、翻译文稿，又从事写作，他都甘愿为之，因此他也结交了不少朋友。

当时狄德罗的生活，像他在《拉摩的侄儿》中所写的那样：“他过一天算一天，忧愁或快活，随境遇而安。他早晨起来的时候，第一件事是要知道在哪儿吃早饭；午饭后他便想想到什么地方去吃晚饭。夜晚也给他带来不安，他或者步行回到他所住的顶楼……或者他就转到酒店里去，在那里用一片面包一瓶啤酒来等候天亮。”拉摩的侄儿是他自己的化身。

1743年，他同美丽的麻布织工A.尚皮昂结婚，翌年又有一女。再过三年之后，又与一位交际花毕西尤结识，成为红颜知己，为她撰写论文，主张“热情能使智慧升华”，颇受时人赞誉。

他兴趣广泛，博览各种科学和哲学书籍，尤其是培根和霍布斯的论著，口袋里经常装有荷马和维吉尔的作品。生活在孟德斯鸠、伏尔泰和卢梭等极有影响的人的社会中，他获得了大家一致同意的绰号“哲学家”，如果有人说，“我遇到了哲学家”，那就指的是狄德罗，不会发生误会的。

1746年他33岁时，遇见一书店老板，请他翻译英国出版的百科全书，同时希望他就当时法国的需要，酌予增删，他答应了，但着手译书时就发现很多错误，因此他改变原意而正式编撰一部新的百科全书，结合了各科的作家共同从事。邀请当时在科学界已负盛名的青年数学家达朗贝尔担任副主编。孟德斯鸠、伏尔泰、卢梭、孔多塞、魁奈等都为《百科全书》写过大量的辞条。毕丰、孔狄亚克和爱尔维修等人也是这项工作的坚定支持者。狄德罗本人一共为《百科全书》撰写了1139个词条。

▶狄德罗和达朗贝尔

这两位《百科全书》的主人的周围都是编写这部著作的合作者。

不过在编撰期间，遭遇到极多的阻力，由

于当时的法国政府和教会都不开明，检查很严，屡遭停刊。终于到了1765年完成，狄德罗的名气大噪。帝俄皇后叶卡捷琳娜二世1763年就与他通信，邀请他赴俄。1773年他终于赴俄，为俄皇室的上宾，住了7个月回法。

1784年7月30日，狄德罗吃过晚饭后，坐在桌边，用肘撑着桌子就溘然长逝了。直至临终前不久，他还同朋友们谈论科学和哲学。他女儿听到他讲的最后一句话是："迈向哲学的第一步，就是怀疑。"

正如恩格斯认为的那样：狄德罗是为了"对真理和正义的热诚，而献出了整个生命"的人。

◀狄德罗主编的《百科全书》，路易十六藏。

还有一个趣闻是关于这位哲学家的，那就是狄德罗效应。200年后，美国哈佛大学经济学家朱丽叶·施罗尔在《过度消费的美国人》一书中，提出了一个新概念——"狄德罗效应"，又称"配套效应"，取材就是哲学家狄德罗的故事。

有一天，朋友送他一件质地精良、做工考究的睡袍，狄德罗非常喜欢。可他穿着华贵的睡袍在书房走来走去时，总觉得家具不是破旧不堪，就是风格不对，地毯的针脚也粗得吓人。于是，为了与睡袍配套，旧的东西先后更新，书房终于跟上了睡袍的档次，可他却觉得很不舒服，因为"自己居然被一件睡袍胁迫了"，就把这种感觉写成一篇文章叫《与旧睡袍别离之后的烦恼》。这就是"狄德罗效应"。

狄德罗的哲学观是唯物主义的。狄德罗认为世界统一于物质。物质世界是普遍联系的，自然界是一个整体，"如果现象不是相互联系着，就根本没有哲学"。

在认识论上，狄德罗坚持感官是观念的来源、感觉是对外部世界的反映。狄德罗强调认识的先决条件是承认客观世界的存在和对

“教育使人发现自己的尊严，就是奴隶也能够很快地感觉到他不是生而为奴隶的。”
——狄德罗

我们的作用。“我们就是赋有感受性和记忆的乐器。我们的感官就是键盘，我们周围的自然弹它，它自己也常常弹自己；依照我们判断，这就是一架与你我具有同样结构的钢琴中所发生的一切。”他把贝克莱的主观唯心主义比作是“一架发疯的钢琴，因为它不要人弹奏会自己响”，“在一个发疯的时刻，有感觉的钢琴曾以为自己是世界上存在的唯一的钢琴，宇宙的全部和谐都发生在它身上。”①

唯心主义哲学家“只意识到自己的存在，以及那些在他们自己的内部相继出现的感觉，而不承认别的东西：这种狂妄的体系，在我看来，只有瞎子那里才能产生得出来；这种体系，说来真是人心和哲学的耻辱，虽然荒谬绝伦，可是最难驳斥。”狄德罗哲学代表了18世纪唯物主义哲学的最高水平。

狄德罗基于其唯物主义观点，对18世纪的欧洲流行的主观主义、相对主义、神秘主义美学观进行了清算。提出“美在关系”说。

美在关系是狄德罗整个美学理论、艺术实践的精髓，贯穿其审美本质理论、审美欣赏理论、审美创作理论之中。狄德罗说：“对关系的感觉创造了美这个字眼。随着关系和人的思想的变化，人们创造出好看的，美丽的，迷人的，伟大的，崇高的，绝伦的，以及诸如此类与物质与精神有关的无数字眼。”所谓“关系”指的就是万物皆有的一种品质。联系到他的唯物主义，也即指处于运动和变化过程中的万事万物内部各要素之间以及与外部环境的客观必然联系。但是，并非事物的任何关系都美。

美的“关系”是指由感官知觉到事物的一定形式的实在关系。只有美的形式显现于外并通过主体感官悟性所注意到的实在“关系”才是美的本质。狄德罗给美下的定义：“我把凡是本身含有某种因素能够在我的悟性中唤起‘关系’这个概念的，叫做外在于我的美；凡是唤起这个概念的一切，我称之为关系到我的美。”狄德罗认为美的本质是：“它存在，一切物体就美，它常在或不常在——如果它有可能这样的话，物体就美得多些或少些，它不

① 《狄德罗选集》第106、129、133页，商务印书馆1983年版。

在，物体就不再美了。”①

狄德罗用高乃依的悲剧《贺拉斯》那句广为熟知的话“让他死”来说明这个问题。当一个人对这出戏一无所知，不了解这三个字有什么关系时，便看不出是美还是丑。当他了解到这是一个人在被问及另一个人应该如何进行战斗时所作的答复，这句话就显得有些悲壮而苍凉。当他更进一步地被告知被问的那个人是一位罗马老人，在回答他女儿的问话，他要让唯一剩下的小儿子去同杀死他两个哥哥的三个敌人为祖国荣誉而生死决斗。这样“让他死”这句话随着环境和关系的逐步揭露而更美，终于显得崇高而伟大了。

现实主义美学

狄德罗将“真”作为美的基础，要求艺术家按照事物的本来面目揭示出其内在联系及必然规律，他说：“艺术中的美和哲学中的真都根据同一个基础，真是什么？真就是我们的判断与事物的一致。摹仿性艺术的美是什么？这种美就是所描绘的形象与事物的一致。”这样，狄德罗在一定程度上克服了当时盛行于欧洲的以物体外在形式作为美感根源的形式主义美学倾向。

狄德罗认为艺术作品既要揭示事物的各部分因果联系及其发生发展的内在规律，又要融进艺术家的意趣和匠心，表现艺术家的风格和主观理想，做到情理交织、物我融合。“对于他（诗人），重要的一点是做到奇异而不失为逼真”。因而，狄德罗认为自然的美是第一性的，艺术形象的美是第二性的。

文艺应当说真话，真实地反映客观现实，文艺的力量就在于真实。艺术家应当服从自然，服从真实。他向艺术家提出：切勿

美学辞典

现实主义：一般被定义为关于现实和实际而排斥理想主义，19世纪30年代后欧洲文艺中占主导地位的文艺思潮和流派；也指文艺创作的一种原则和方法。德国诗人席勒在1789年4月27日致歌德的信中第一次从美学意义上使用“现实主义”这个词。在艺术或文学中将事物、行为或社会状况按其起初情况进行的表现，其注重事实或现实，而不用模糊的形式来表现或理想化。在文学艺术创作中，现实主义是与浪漫主义并驾齐驱的两大思潮。

①狄德罗著：《狄德罗美学论文选》第24～25页，人民文学出版社1984年版。

▶狄德罗像

让旧习惯和偏见把你淹没，让你的趣味和天才指导你，把自然和真实表现给我们看。

狄德罗的自然就是客观的物质世界，不仅是自然界，还包括全部的社会生活。关于文艺创作的标准问题，他从文艺模仿自然的立场出发，极力强调文艺的真实性。他认为：文艺的规则和标准不应当是人为的主观的，文艺应当全面、真实地反映现实。只有真实才是文艺优劣美丑的最高标准。

在狄德罗看来，只有建立在和自然万物的关系上的美才是持久的美。狄德罗认为，生活是文艺的源泉。他指出，只有通过亲自观察才能对生活实践形成真正的概念。艺术家应该走出自己狭小的圈子，摆脱旧的文艺规则和审美趣味。深入生活，观察、体验社会各阶层的各式各样的人物，研究人生的幸福与苦难，把丰富生动的现实生活真实地描绘出来。他说：你要想认识真理，就得深入生活，去熟悉各种不同的社会情况，试住到乡下去，住到茅棚里去。访问左邻右舍，最好是瞧一瞧他们的床铺饮食、房屋等。这样你就会了解到那些奉承你的人设法瞒过你的东西。

在新的历史条件下，狄德罗重申了文艺模仿自然这一观点，指出文艺的真实性这个标准问题，提出了自己唯物主义的现实主义美学。狄德罗更接近法国新古典主义，但是又向前推进了一步。

形象思维规律的提出者

——维柯（1668～1744年）

维柯（1668～1744年）意大利历史学家、法学家、语言学家、社会学家、美学家。维柯既是一个虔诚的天主教徒，又是一个卓越的自由思想者。

维柯1668年6月23日出生在意大利的一个小城邦那不勒斯，并且终生生活在那里。父亲是书商，生活很穷困。维柯7岁时，不幸从楼顶摔到楼底，头盖骨折断，影响了一生的身体状况，精神也深受影响。幼年时受过天主教会的小学教育，大部分时间靠努力自学。维柯曾当过私塾教师，上过罗马公学。他的专长是法学。维柯从小就喜欢研究罗马法和拉丁文学。

1686年到1695年，他担任了贵族罗卡侯爵的子女的家庭教师。侯爵家里丰富的藏书使其在学术上有很大进展。维柯在结束家庭教师生活以后，又去旁听了那不勒斯大学课程。1699年任那不勒斯大学的修辞学教授。1735年他得西班牙皇帝查理三世的恩惠，被任为那不勒斯城邦王室的历史编纂。1744年1月23日逝世。

▼那不勒斯俯瞰

他的主要著作是《新科学》(1725年)，全名是《关于各民族的共同性的新科学的一些原则》，据说由于自费出版这本书，为了支付印刷费，他连仅有的一枚戒指都卖掉了。维柯一生一直处在贫困之中。老年家境不顺，他的一个爱女多病，儿子又是一个放浪之人。正如其自己所说："噩运会在我死后还继续追捕我。"①

维柯是西方认真研究社会科学的第一人，所以把他的研究对象叫做"新科学"。

《新科学》所要解决的问题是人类如何从野蛮的动物状态逐渐发展成为过着社会生活的文明人。全书分5卷：(1)原则的奠定，(2)诗性的智慧，(3)发现真正的荷马，(4)世界各民族所经历的历史过程，(5)各民族复兴时人类各种典章制度的复现，附全书结论。维柯的基本出发点是共同人性论。他认为各民族在起源和处境方面尽管各不相同，在社会发展上却都必须表现出某些基本一致性或规律。《新科学》所探求的正是这些规律。"维柯是理解了并告诉我们什么是人类文化的第一人。他不自觉地确立了文化观念。"

原则的奠定

维柯接受了古埃及人对于历史三个时期的划分，即神的时代、英雄的时代和人的时代。最初是神的时代，神和人在地球上杂居在一起。人还是一些凶猛残酷的野兽，不会说话和思考，都凭着本能过活，到处寻找食物和性交伴侣，没有婚姻制度，也没有宗教或任何社会制度。人的体格特别发达，所以叫做"巨人"。

据说有一个时期全世界都发生过大洪水，如希伯来人的《圣经》(《创世记》)和中国人的《书经》(《禹贡》)所说的；在世界洪水消退以后，地球上积蓄的水蒸气有时造成雷鸣电闪，巨人们在深山野林里初次碰上雷电，不胜惊惧，以为天上有像人一样发怒咆哮的神，借雷电来向人发出警告。于是就兴起凭天象去预测吉凶的占卜术，于是有了信仰天神(最初是雷神)和天意或天命的宗教和掌占卜天意的司祭或巫师。这信仰天神的宗教是人类社会的第一个起源。然后男女感到面对着神公开杂交的羞耻，男的就带女的住到岩

①阎国忠主编：《西方著名美学家评传》中卷第232页，安徽教育出版社1991年版；蒋孔阳主编：《西方美学通史》第3卷第967页，上海文艺出版社。

洞里或山寨里，逐渐有了婚姻制和婚姻典礼及家庭制。正式婚姻典礼便是人类社会的第二个起源。

在原始时代，人死后和动物一样，并不收尸埋葬，任其抛在地面风吹雨打而腐烂，造成环境的污浊；后来感到对不起死者，于是兴起了埋葬死者的典礼，于是有了灵魂不朽的观念。这便是人类社会的第三个起源。这种神的时代也有朝代。古希腊罗马都有12天神，维柯认为他们代表着社会发展的12个阶段，例如谷神标志着农业时代，海神标志着航海事业的开始。古代各种神话大半都是围绕着诸天神而流传下来的，形成了后来文艺的土壤。原始人起初和动物一样是哑口的，只有些姿势和符号来表达自己的意愿，例如用三茎草来表示3年。在发现神而恐惧的时候，人就张开口，起初的字音是谐声的、惊叹的、单音的。这就是“象形的语言”或“神的语言”。

英雄的时代在神的时代后期便已开始。“每个民族都有它的雷神”，“每个民族也都有它的海格立斯，天神的儿子”。海格立斯便是原始民族中英雄主义的起源。他是一个多才多艺的大力士，人类社会一切征服自然的技能都溯源于他，古希腊在荷马时代便已转到英雄时代。荷马是一个英雄型诗人。

荷马所歌颂的是两种英雄，一种是《伊利昂纪》中的阿喀琉斯，代表希腊英雄时代所奉为理想的勇士，另一种是《奥德修纪》中的奥德修斯，代表希腊英雄时代晚期所奉为理想的谋士。当时全民族都是诗人，荷马只是其中的一个典型，《荷马史诗》并不是某一个诗人或某一时代的产品，而是全体希腊人在长时期的集体创作。英雄时代的语言也叫做英雄的语言。由于抽象思维不发达，词汇中很少有抽象表示概念的

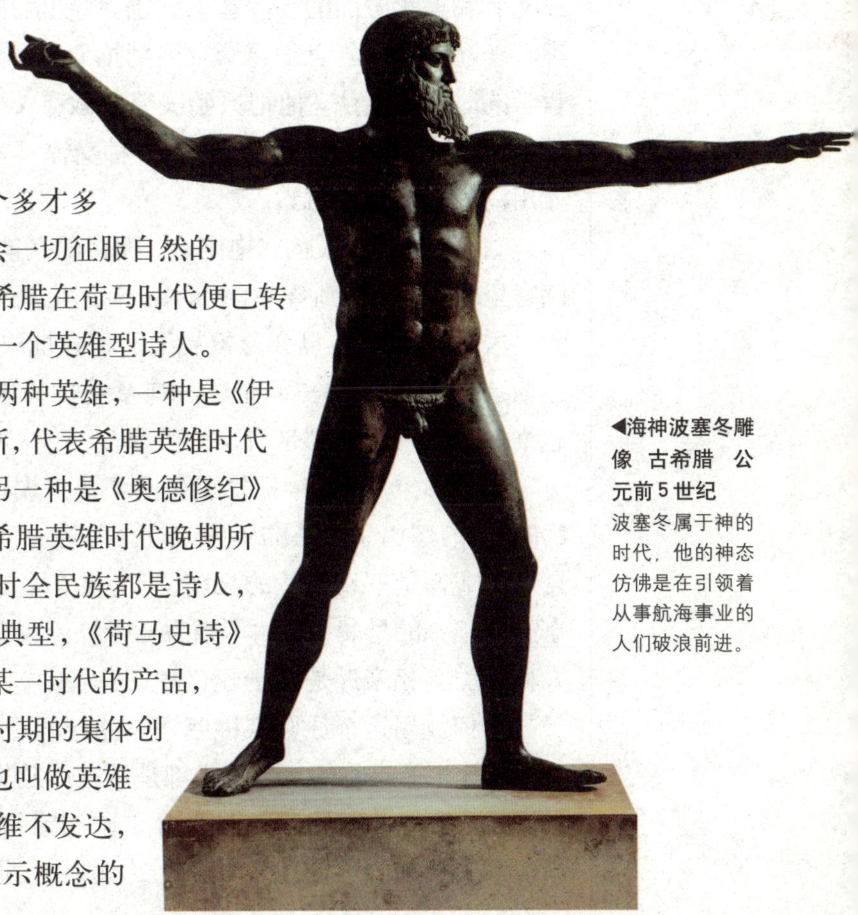

◀海神波塞冬雕像 古希腊 公元前5世纪
波塞冬属于神的时代，他的神态仿佛是在引领着从事航海事业的人们破浪前进。

字，绝大部分是以物拟人，有具体形象属于隐语的字。表达方式也不是说而是唱。例如他们不是说“我发怒”而是唱“我的热血在沸腾”，不是说“地干旱”，而是唱“地渴了”。政体是贵族（即英雄）统治，他们的意志和暴力就是法律。这时社会已分成家长或宗法主和平民两个阶级。平民起初处在“被保护者”或家奴的地位，不能分享占卜、正式婚姻和政治的权利。他们因此日益不满，起来斗争，终于战胜贵族而享有主权，平民的民主政体便代替了贵族的专制政体。维柯用罗马史和罗马法典的具体事例来证明贵族与平民的斗争总是以平民的胜利而结束，于是就进入了人的时代和文明社会。

形象思维

在《新科学》中，由于维柯把语言、神话、古史和社会典章制度，政治和经济，都看成“诗的智慧”的产品，所以全书各卷都涉及文艺和美学方面的一些基本问题。特别值得注意的是维柯对于人类心理功能由形象思维逐渐发展到抽象思维，即由诗的时代发展到哲学的时代的看法，他把原始民族叫做“人类的儿童”，他说：“人最初只有感受而无知觉，接着用一种受惊不安的心灵去知觉，最后才用清晰的理智去思索。”

“哲学把心灵从感官拖出来，而诗的功能却把整个心灵沉浸在感官里；哲学飞升到普遍性，而诗却必须深深地沉没到个别具体事物里去。”原始民族只会形象思维而不会抽象思维，所以原始文化，包括宗教、神话、历史乃至各种典章文物和语言文字无一不是形象思维的产品，因而都带有诗的性质。

关于形象思维，维柯发现了两条基本规律，头一条就是以己度物的隐喻：“由于人心的不明确性，每逢它落到无知里，人就把他自己看成衡量一切事物的尺度。”这就是凭自己的切身经验来衡量自己所不知的外物。例如不知磁石吸铁而说磁石爱铁，就是凭人与人相吸引、相亲近是由于爱这种切身经验。

维柯就用这个原则来说明语言的起源：“在一切语言里，大部分涉及无生命事物的表现方式都是从人体及其各部分以及人的感觉和情欲方面借来的隐喻，例如用‘首’指‘顶’或‘初’，用‘眼’指放阳光进来的‘窗孔’，用‘心’指‘中央’之类。天或海‘微

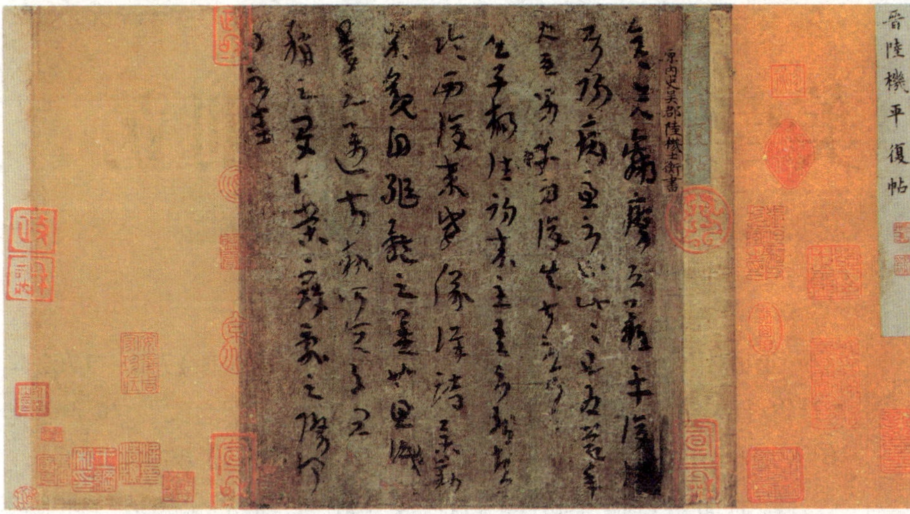

▲**平复帖 西晋 3～4世纪 陆机 纸本墨书 北京市故宫博物院藏**
书法是象形文字汉字的重要体现形式。

笑’，风‘吹’，波浪‘轻声细语’，受重压的物体‘呻吟’。在这些例子里人把自己变成整个世界了。”不难看出，这是后来德国美学家们的“移情说”的萌芽，和中国诗论中的“比”“兴”也可互相印证。在谈到形象思维和语言的关系时，维柯特别举中国文字为象形文字的突出的例证，因为埃及的象形文字已成了历史遗迹，只有中国的象形文字至今还在运用。

形象思维的第二条规律便是用具体人物形象来代表同类人物特性的类概念，亦即典型人物性格。“原始人仿佛是些人类的儿童，由于还不会形成关于事物的通过理解的类概念，就有一种自然的需要，要创造出诗的人物性格，这就是形成想象性的类概念或普遍性，把它作为一种范型或理想的肖像，以后遇到和它相似的一切个别人物，就把它们统摄到这个想象的类概念里去。”维柯举的例子有儿童把一切年长的男人都叫“爸”，一切年长的女人都叫“妈”。埃及人把发明家都叫赫尔墨斯，希腊把一切勇士都叫阿喀琉斯，把一切谋士都叫做奥德修斯（这正如中国人把一切巧匠都叫做鲁班，一切神医都叫做华佗，把一切富于智谋的人都叫做诸葛孔明一样）。

维柯本人也是一个诗人，《新科学》是探讨人类社会文化起源和发展的一种大胆的尝试。维柯不但开创了社会科学，也开创了和社会科学密切相关的近代社会学、人类学、语言学，乃至文艺心理学。

克罗齐的《美学，作为表现的科学和一般语言学》就是继承维柯思想而加以发挥的。

美学学科的正式创立

——亚历山大·戈特利布·鲍姆加登（1714～1762年）

▼勃兰登堡门
勃兰登堡门是柏林的重要象征，伟大的美学家鲍姆加登就出生于柏林。

亚历山大·戈特利布·鲍姆加登（1714年6月17日～1762年5月26日），德国哲学家、美学家，被称为“美学之父”。主要著作有《关于诗的哲学沉思录》、《美学》、《形而上学》等。

鲍姆加登1714年6月17日出生于柏林。他的父亲是当时卫戍部队的布道牧师，他是7个孩子中的第五个，其兄是神学家。其父生活淡泊，操守严谨，学识渊博，勤于职守，在任上颇受尊敬。当他8岁的时候，其父母就先后去世了。父亲留给儿子的除了大量的藏书以外，还有的就是清贫和一条严格的戒律：在他去世以后，不许他们接受任何形式的奖学金和一切社会救济（例如资助贫困学生的免费午餐），显示出一位以普度众生为己任的神职人员所能显示的对职业的最高忠诚。他还嘱咐儿子们去哈勒学习神学，哈勒处在当时普鲁士统治下的德国的神学中心和学术中心。

少年的鲍姆加登通过兄弟们的资助就读于柏林的中学。“从我开始学习古典人文学科以来，我的进步始终是在我的极为睿智的启蒙老师，令人敬仰的柏林文科高中的副校长、著名的克里斯特高的激励下取得的，提起他，我不能不怀有最深挚的感激之情，正是从那时起，我几乎不能一日无诗。”因为当时的学术经典文献都是拉丁文或者是希腊文，不懂拉丁文就莫谈学术。当时的德国的文科中学便是教授拉丁文与希腊文的专门学校。

1727年，作为一名优秀文科毕业生，他遵从父亲的遗愿来到了位于东萨勒河畔的名城哈勒，成为著名神学家兼教育家弗兰克的关门弟子。他先在哈勒德孤儿院苦修3年，然后于1730年考进哈勒大学，继续学习神学。

鲍姆加登在1735年发表的博士论文《关于诗的若干前提的哲学沉思录》中就首次提出建立美学学科的建议。正如他自己所说："我永不完全抛弃诗，我对诗是估价甚高的，不仅为了纯粹的欣赏，而且为了他显然有用。"这本书是献给资助自己完成学业的长兄纳塔奈勒的。至1750年他特地从希腊文中找出了"Aesthetica"来命名他的研究感性认识的一部专著。至此，美学作为一门西方近代人文科学诞生。当然，鲍姆加登的意义不仅在于命名和提出建议，而且为美学学科的建立付出了毕生精力。

获得博士学位的他留校任教。1739年，25岁的他被任命为奥得河畔的法兰克福的大学教授，鲍姆加登应聘法兰克福大学的教授是用拉丁文的骈体来宣讲的，让时人惊羡不已。可见其对拉丁文的精通。而且他的著作都是用拉丁文出版的。由于他在哈勒的授课深受学生们的欢迎，学生们纷纷上书挽留，他只得延迟到1740年才去上任。

1742年他开始在大学里讲授"美学"这门新课，在1750年和1758年正式出版《美学》第1卷和第2卷。在《美学》中他实现了学位论文中的建议，驳斥了10种反对设立美学学科的意见，初步规定了这门科学的对象、内容和任务，确定了它在哲学科学中的地位，使美学成为一门独立的学科。

1750年常被看做美学成为正式学科的年代，鲍姆加登也由此获得了"美学之父"的称号。正如克罗齐所说："这是巨人的步伐，是的，是鲍姆加登取得了这门新科学之父——不是义父而是亲父——称号。"

《美学》第1卷刚出版，1751年，37岁的鲍姆加登由于健康状况恶化，不得不卧床休养。在几乎丧失工作能力的情况下，他坚持在1758年出版了《美学》第2卷。这本书没有按照构想写完，1762

▲《维纳斯的诞生》是波提切利的现实主义绘画名作，大概创作于1432年左右。维纳斯的希腊文原名为阿佛洛狄忒，意思是来自泡沫。此画表现女神维纳斯从爱琴海中浮水而出，风神、花神迎送于左右的情景。她美艳无比又非常浪漫，掌管动植物的繁衍与人间爱情等6项职务。维纳斯作为美和爱的化身，是美和理性的典范。可以说谈到美学，维纳斯是不可回避的。

年5月26日，他怀着未竟的愿望和深深的遗憾，在久病11年之后与世长辞，年仅48岁。

他以悲怆而崇高的话来结束其《美学》第2卷的短序："亲爱的读者，如果你是强者，你会注意我、认识我，最后会爱我，你从我和他人那里懂得命运。病魔来回折磨我足有8个年头，看来无法医治。必须及早地习惯于很好思维。如今，我要做些什么，的确，我不知道作为一个男人是否这样做。"他的一生俨然像圣徒一样。

美学学科的创立

美学的英语是Aesthetics或Esthetics；德文是Asthetik；拉丁文是Aesthetica，这个词原来不存在，是鲍姆加登为了与原来的拉丁词Sensus（英文的Sense，感觉的）相区别而从希腊文创造的，直译就是"感性学"。因为感性可以分为外在的和内在的，前者作为一种自我感知产生于"我"的身体而与所有的感官相关，后者则仅仅产生于"我"的心灵，故而"感性学"这个词包含两层意思。它包含的第二层意思：它来自心灵；它是内在的；它是不明确的。鲍姆加登正是在这个意义上使用的，它不是经验的感觉或知觉，而是对这种经验的感觉的超越。美学就是感性认识和感性表现的科学（作为认识能力下的逻辑学、认识论之下的理论、美的思维的艺术、类理性的艺术）。鲍姆加登自己用德文解释道：Aesthetica是“美的科学”。汉语中的美学来自日本，日本人用汉名“美学”对译德文Asthetik，并在1907年以前传入中国。①

鲍姆加登指出：美学（美的艺术的理论，低级知识的理论，用美的方式去思维的艺术，类比推理的艺术）是研究感性知识的科学。他要到人的主观认识中寻找美的根源。这预示了近代西方美学

▲《维纳斯的诞生》解析图

①参见阎国忠主编：《西方著名美学家评传》中卷鲍姆加登一节，安徽教育出版社1991年版；蒋孔阳主编：《西方美学通史》第3卷第791页，上海文艺出版社。

的新方向。鲍姆加登把莱布尼茨－沃尔夫派的命题“美是感官认识到的完善”修定为“美是感性认识本身的完善”。鲍姆加登“是最先克服了‘感觉论’和‘唯理论’之间的对立，并对‘理性’和‘感受性’做出新的富有成效的综合的思想家之一”。

鲍姆加登认为：“美学的对象就是感性认识的完善，这就是美；与此相反的就是感性认识的不完善，这就是丑。”美学是以美的方式去思维的艺术，是美的艺术的理论。作为感性认识的美学，目的是达到感性认识的完善。而完善这一概念，是鲍姆加登从沃尔夫那里继承而来，在鲍姆加登这里，完善既有理性认识的内容，又

▼三美神 意大利 拉斐尔

《三美神》是拉斐尔早期的作品，体现出静中有动、美而不媚的风格，构图讲究均衡与集中。人物恬静，安宁，贤淑秀美。拉斐尔创作的人物形象，体现了真实美和理想美的完美结合。

有感性认识的内容。意味着整体对部分的逻辑关系即多样性的统一的“完善”是美的最高的理性尺度，“美学的目的是感性认识本身的完善”。

要达到感性认识的完善，须有三个条件：思想内容的和谐、次序和安排的一致和表达的完美。他的感性认识包括情感、直觉、想象、记忆。艺术作品中的内容的真实、鲜明、丰富、可信、生动，是一件“美”的艺术作品的最重要标准。

鲍姆加登提出审美的真实性。鲍姆加登认为科学和艺术都追求真，但两者追求真的方式却是不一样的。“诗人理解道德的真理，和哲学家所用的方式不同；一个牧人看日月蚀，也和天文学家所用的眼光不同。”科学的求真要求用完善的理性，通过个别事物具体的、生动的、表象的舍弃，抽象出具有高度概括力的一般概念；而审美的求真则正好和前者相反，它是运用“低级的感性认识”，尽量把握事物的完善，“在这个过程中尽可能地少让质料的完善蒙受损失，并在为了达到有趣味的表现而加以琢磨的过程中，尽可能少地磨掉真所具有的质料的完善”。

卡西尔说：“鲍姆加登美学的目的就是要给心灵的低级能力以合法地位，而不是要压制和消灭它们。”鲍姆加登认为审美经验中同样包含着普遍的真理性，即“审美的真”。这种真实，不是通过理性的逻辑思维所能达到的，而是通过具体的形象感觉形成的。

“美学家不直接追求需要用理智才能把握的真”，而是在对具体的感性形象的体验中领悟这种普遍性。认为“并非所有的假在审美领域内也是假的”。假（丑）的事物如果符合“感性认识的真完善”，就是真（美）的，而真（美）的事物如果不符合这一标准，就是假（丑）的。真或假在这里似乎与事物本身的性质无关，而只关系到感性认知的方式。甚至有些假例如文艺作品中的虚构，在审美领域里可能比现实生活中的事实更真、更美。他认为“能激起最强烈的情感的就是最有诗意的”。

正如吉尔伯特在《美学史》中所说：鲍姆加登把各种尚未展开的认识汇集起来，精心拟定了一种体系；这种体系能够从理性上证明不完全的哲学家和文艺批评家的种种“鳖见”，而且，它还能够为一百年之后它的至高点——即康德的《判断力批判》指出方向。

▲弹曼陀铃的姑娘 意大利 卡拉瓦乔

这是一幅具有抒情风格的作品，画面中心的罗马姑娘长得妩媚动人，正对着花瓶中的花轻弹曼陀铃低声吟唱。画中的她并没有看桌子上的乐谱，而是半侧过头来望着观众，目光柔和亲切，可以使人感觉到她那颗纯洁质朴的心。相对于传统的美神维纳斯而言，这个形象能够给人们更直接、更真实的美的享受。

鲍姆加登的这种体系，不仅仅为后来研究美的理性构成奠定了基础。可以这样说（事实上，人们已不止一次地这样说过），德国美学为德国民族文学的繁荣时代——德国诗歌和戏剧的伟大时代，开辟了道路。

第五章

19 世纪美学

19 世纪美学思想呈现出了多元发展的端倪，叔本华、尼采的非理性美学思想直接影响到了西方现代主义美学的发展，实验美学和移情美学则开辟了美学研究的全新领域。

非理性美学

——叔本华（1788～1860年）

叔本华（1788～1860年），德国哲学家。他被称作“悲观主义的哲学家”，但是罗素说：“假若我们可以根据叔本华的生活来判断，可知他的论调也是不真诚的。”

阿瑟·叔本华1788年2月22日生于但泽（即今波兰的格但斯克），父亲是一个大银行家，相貌令人不敢恭维，且脾气也很暴躁，后自杀。其大部分遗产由叔本华继承，使这位未来的哲学家终生过着优裕的生活，叔本华死后财产都捐献给了慈善机构；他的母亲约翰娜·特洛西纳则聪明美丽，且富文学才华，外国语也说得很流利，后来成为歌德在魏玛圈子里的知名人物和著名的小说家。叔本华从小孤僻，傲慢，喜怒无常，并带点神经质。叔本华说：“我的性格遗传自父亲，而我的智慧则遗传自母亲。”

▲**叔本华像**

叔本华是新的生命哲学的先驱者，他从非理性方面来寻求哲学的新出路，提出了生存意志论。他对人间苦难很关注，被称为“悲观主义哲学家”。他所开启的非理性哲学对后世思想发展影响深远，而他的美学思想也是非理性的。

1797年7月，阿瑟和父亲一起去巴黎和勒阿弗尔。他在那儿学习法语和法国文学。1799年8月，叔本华回到汉堡。叔本华根据父亲的意愿决定不上文科学校学习，决定将来不当学者。并在父亲的刻意安排下，进入一所商业学校读书，以便将来能继承父业。1803年5月3日他开始了一次旅行，周游了荷兰、英国、法国和奥地利，并开始学习经商。1805年4月20日叔本华的父亲自杀。叔本华在他父亲去世后，因嫌恶商业生活的庸俗和市俗味道而脱离开从商生活，踏上学术研究之路。1804年8月25日结束在国外的旅行。1811年9月，叔本华开始在柏林大学学习两年，约翰·戈行里布·费希特在大学执教。1814年5月，叔本华和他母亲彻底决裂。叔本华离开魏玛，后在德里斯顿住了四年。

“如果对人生做一个总体的考察，如果我们只强调结局，那么人生总是一场悲剧，只有在细节上才有喜剧的意味。”

——叔本华

1819年年初《作为意志和表象的世界》出版，从而奠定了他的哲学体系。他为这部悲观主义巨著做出了最乐观的预言：“这部书不是为了转瞬即逝的年代而是为了全人类而写的，今后会成为其他上百本书的源泉和根据。”然而该书出版10年后，大部分是作为废纸售出的，极度失望的叔本华只好援引别人的话来暗示他的代表作，说这样的著作犹如一面镜子，“当一头蠢驴去照时，你不可能在镜子里看见天使”。

▲约翰娜·叔本华
约翰娜是叔本华的母亲，丈夫去世后，她搬到了魏玛，在那里举办了一个文学沙龙，接待过歌德和格林兄弟等人。不过，叔本华与她的关系并不好。

1819年12月31日叔本华申请在柏林大学当哲学讲师。叔本华和黑格尔发生争执，他试图和黑格尔在讲台上一决高低，结果黑格尔的讲座常常爆满，而听他讲课的学生却从来没有超出过三个人。于是叔本华带着一种愤然的心情凄凉地离开了大学的讲坛。叔本华说：“要么是我配不上我的时代，要么是这个时代配不上我。”

1831年8月25日叔本华因惧怕霍乱病而离开柏林。1833年7月6日，叔本华定居在美茵河畔法兰克福，在那里埋头读书、写作和翻译，度过了最后寂寞的岁月。垂暮之年的叔本华过着十分孤独的生活，陪伴他的只有一条叫“世界灵魂”的卷毛狗。

1859年，《作为意志和表象的世界》第三版受到空前的欢迎，他喜不自禁地说是“犹如火山爆发，全欧洲都知道这本书”。他在这一版的序言中对自己的哲学命运作了总结：“当这本书第一版问世时，我才30岁；而我看到第三版时，却不能早于72岁。对于这一事实，我总算在彼得拉克的名句中找到了安慰；那句话是：‘谁要是走了一整天，傍晚走到了，就该满足了。’我最后毕竟也走到了。在我一生的残年既看到了自己的影响开始发动，同时又怀着我这影响将合乎‘流传久远和发迹迟晚成正比’这一古老规律的希望，我已心满意足了。”

1860年9月9日叔本华得肺炎。1860年9月21日，他起床洗完冷水浴之后，像往常一样独自坐着吃早餐，一切都是好好的，一小时之后，当用人再次进来时，发现他已经倚靠在沙发的一角，永远睡着了。他的临终遗嘱是：希望爱好他的哲学的人能不偏不倚地、独立自主地理解他的哲学。

叔本华开创了唯意志主义、生命哲学流派，开启了非理性主义哲学。近代的思想家、文学家、艺术家如尼采、瓦格纳、托玛斯·曼等人，无不直接或间接地受到叔本华哲学的影响，尼采十分欣赏他的作品，曾作《作为教育家的叔本华》来纪念他。他说："我像一般热爱叔本华的读者一样，在读到最初一页时，便恨不得一口气把它全读完，并且我一直觉得，我是很热心注意倾听由他的嘴唇里吐出来的每一个词句。"瓦格纳也把歌剧《尼伯龙根的指环》献给叔本华。虽然他创作这部歌剧时，尚未读过叔本华的著作。国学大师王国维的思想亦深受叔本华的影响，在其著作《人间词话》中以消化吸收的叔本华理论评宋词，成就颇高。

作为意志和表象的世界

叔本华哲学是从德国古典理性主义向现代非理性主义过渡的最后一环。

叔本华说：至少是我的哲学就根本不问世界的来由，不问为何有此世界，而只问这世界是什么。他说："一切一切，凡已属于和能属于这世界的一切，都无可避免地带有以主体为条件的，并且也仅仅只是为主体而存在。"那认识一切而不为任何事物所认识的，就是主体。因此，主体就是这世界的支柱，是一切现象，一切客体一贯的，经常作为前提的条件；原来凡是存在着的，就只是对于主体的存在。

"一切天生之物总起来就是我，在我之外任何其他东西都是不存在的。""他不认识什么太阳，也不认识什么地球，而永远只是眼睛，是眼睛看见太阳；永远只是手，是手感触着地球。"世界与人的关系是表象和表象者的关系。而表象的世界是"现象"的世界，在它之外还有一个世界即被作为"自在之物"的意志。

现象不可分离地伴随意志。"这世界的一面自始至终是表象，正如另一面自始至终是意志。”真正存在的东西只能是意志。意志是这世界的内在本质。意志是无处不在的：人有意志，动物有意志，植物也有意志。“那一掷而飞入空中的石子儿如果有意识的话，将被认为它是由于自己的意志而飞行的。”人的真正存在是意志。例如，人的牙齿、食道、肠的蠕动就是客体化的饥饿，生殖器就是客体化的性欲；人最根本的东西是情感和欲望，也就是意志，而且人的记忆、性格、智慧等一切心理意识现象，甚至连人的肉体的活动，都是由意志所决定的。世界只是这个意志的一面镜子。人的两性关系、爱情、婚姻无非是实现生殖意志的工具，也是生命意志的工具。

“意志自身在本质上是没有一切目的，一切止境的，它是一个无尽的追求。”永远的变化，无尽的流动是属于意志的本质之显出的事。“一切欲求皆出于需要，所以也就是出于缺乏，所以也就是

▲叔本华认为，借助艺术尤其是音乐，人类可以从痛苦中解脱出来，音乐是抽象的，能使人获得超越时空的体验。阿德里安范·奥斯塔德的这幅《乡村音乐会》(1638年)就表达了音乐能够给人快乐的主题。

出于痛苦。”从愿望到满足又到新的愿望这一不停的过程，如果辗转快，就叫做幸福，慢，就叫做痛苦；如果限于停顿，那就表现为可怕的，使生命僵化的空虚无聊，表现为没有一定的对象，模糊无力的想望，表现为致命的苦闷。——根据这一切，意志在有认识把它照亮的时候，总能知道它现在欲求什么，在这儿欲求什么；但绝不知道它根本欲求什么。每一个别活动都有一个目的，而整个的总欲求却没有目的。

叔本华曾引用普卢塔克的话：人生既充满如许苦难和烦恼，那么人们就只有借纠正思想而超脱烦恼，否则就只有离开人世了。人们已经看清楚，困苦、忧伤并不直接而必然地来自“无所有”，而是因为“欲有所有”而仍“不得有”才产生的；所以这“欲有所有”才是“无所有”成为困苦而产生伤痛唯一必需的条件。“导致痛苦的不是贫穷，而是贪欲”。

◀**失乐园 意大利 马萨乔**

这幅画集中体现了马萨乔的艺术风格与追求，画中夏娃紧闭双眼、嚎啕痛哭，亚当则双手蒙面啜泣。离开乐园的恐惧、绝望和悲恸情感被表现得淋漓尽致、恰到好处。作品传达的痛苦情绪使画面充满了悲剧性气氛。这也许是叔本华认为“生存自身就是不息的痛苦”的原因。

莎士比亚说：我们渺小的一生，睡一大觉就圆满了。而叔本华认为人生与梦都是同一本书的页子，依次连贯阅读就叫做现实生活。或者干脆地说：人生是一场大梦。“人的最大罪恶就是：他诞生了。”解脱之道，一是佛教的涅槃，二是哲学和道德，三是艺术，在艺术直观中达到“自失”境界。因为，“理性使我们失去对直觉的敏感，使我们与具体事物脱节”。所以，要审美直观。审美是暂时摆脱痛苦的途径之一。

叔本华的主要美学范畴——媚美、优美、壮美——都是相对于意志而言的。叔本华认为审美是“纯粹的观审，是在直观中浸没，是在客体中自失，是一切个体性的忘怀”。

“由于生命的自在本身，意志，生存自身就是不息的痛苦，一面可哀，一面又可怕，然而，如果这一切只是作为表象，在纯粹直观之下或是由艺术复制出来，脱离了痛苦，则又给我们演出一出富有意味的戏剧。”而这些都离不开认识，而认识总是服服帖帖为意志服务的，认识也是为这种服务而产生的；认识是为意志长出来的，有如头部是为躯干而长出来的一样。在动物，认识为意志服务，是取消不了的。在人类，停止认识为意志服务也仅是作为例外出现的。“要么为自己获致理性，要么就是安排一条自缢的绞索。”因为“在认识一经出现时，情欲就引退”。所以能暂时摆脱痛苦。这种只能当做例外看的过渡，是在认识挣脱了它为意志服务的关系时，突然发生的。这正是由于主体已不再仅仅是个体的，而已是认识的纯粹而不带意志的主体了。这种主体已不再根据诸形态来推敲那些关系了，而是栖息于、浸沉于眼前对象的亲切观审中，超然于该对象和任何其他对象的关系之外。如果人们由于精神之力而被提高了，放弃了对事物的习惯看法，不再根据诸形态的线索去追究事物的相互关系——这些事物的最后目的总是对自己意志的关系——即是说人们在事物上考察的已不再是“何处”、“何时”、“何以”、“何用”，而仅仅只是“什么”，也不是让抽象的思维、理性的概念盘踞着意识，而代替这一切的却是把人的全副精神能力献给直观，浸沉于直观，并使全部意识为宁静地观审恰在眼前的自然对象所充满，不管这对象是风景，是树木，是岩石，是建筑物或其他什么。人在这时，按一句有意味的德国成语来说，就是人们自失于对象之中了，也即是说人们忘记了他的个体，忘记了他的意志；他已仅仅只是作为纯粹的主体，作为客体的镜子而存在；好像仅仅只有对象的存在而没有觉知这对象的人了，所以人们也不能再把直观者其人和直观本身分开来了，而是两者已经合一了；这同时即是整个意识完全为一个单一的直观景象所充满，所占据。所以，客体如果是以这种方式走出了它对自身以外任何事物的一切关系，主体也摆脱了对意志的一切关系，那么，主体所认识的就不再是如此这般的个别事物，而是理念，是永恒的形式，是意志在这一级别上的直接客体性。并且正是由于这一点，置身于这一直观中的同时也不再是个体的人了，因为个体的人已自失于这种直观之中了。他已是认识的主体，纯粹的、无意志的、无痛苦的、无时间的主体。这也就是在斯宾诺莎写下"只要是在永恒的典型下理解事物，则精神是永恒的"这句话时，浮现于他眼前的东西。只有在上述的那种方式中，一个认识着的个体已升为"认识"的纯粹主体，而被考察的客体也正因此而升为理念了，这时，作为表象的世界才能完美而纯粹地出现……因为谁要是按上述方式而使自己浸沉于对自然的直观中，把自己都遗忘到了这种地步，以致他已仅仅只是作为纯粹认识着的主体而存在，那么，他也就会由此直接体会到他作为这样的主体，乃是世界及一切客观的实际存在的条件，从而也是这一切一切的支柱，因为这种客观的实际存在已表明它自己是有赖于他的实际存在的了。所以他是把大自然摄入他自身之内了，从而他觉得大自然不过只是他的本质的偶然属性而已。在这种意义之下拜伦说：

▲拜伦像

难道群山，波涛，和诸天
不是我的一部分，不是我
心灵的一部分，
正如我是它们的一部分吗？

在认识甩掉了为意志服务的枷锁时，在注意力不再集中于欲求的动机，而是离开事物对意志的关系而把握事物时，所以也即是不关利害，没有主观性，纯粹客观地观察事物，只就它们是赤裸裸的表象而不是就它们是动机来看而完全委心于它们时；那么，在欲求的那第一条道路上永远寻求而又永远不可得的安宁就会在转眼之间自动地光临而我们也就得到十足的怡悦了。这就是没有痛苦的心

美学辞典

唯意志论：由德国哲学家叔本华提出，认为意志为世界的本质，意志高于理性。万物都是意志的表现，理性也是意志的产物。叔本华认为意志是生命的冲动和欲望，他的唯意志论也因此又叫做“生命意识论”。意志是痛苦的根源，痛苦产生的原因是意志未得到满足，而意志即便得到满足也是暂时的。既然如此，人只有通过禁欲来否定意志以摆脱痛苦。尼采在叔本华“生命意识论”的基础上，发展出“权力意志”论，认为权力意志是一种无处不在的力量。唯意志论开启了西方非理性主义的思潮。

境，伊壁鸠鲁誉之为最高的善，为神的心境，原来我们在这样的瞬间已摆脱了可耻的意志之驱使，我们为得免于欲求强加于我们的劳役而庆祝假日，这时伊克希翁的风火轮停止转动了……这样，人们或是从狱室中，或是从王宫中观看日落，就没有什么区别了。

只要摆脱了为意志服务的奴役就会转入纯粹认识的状况。所以一个为情欲或是为贫困和忧虑所折磨的人，只要放怀一览大自然，也会这样突然地重新获得力量，又鼓舞起来而挺直了脊梁；这时情欲的狂澜，愿望和恐惧的迫促，由于欲求而产生的一切痛苦都立即在一种奇妙的方式之下平息下去了。原来我们在那一瞬间已摆脱了欲求而委心于纯粹无意志的认识，我们就好像进入了另一世界，在那儿，日常推动我们的意志因而强烈地震撼我们的东西都不存在了。认识这样获得自由，正和睡眠与梦一样。能完全把我们从上述一切解放出来，幸与不幸都消逝了。我们已不再是那个体的人，而只是认识的纯粹主体，个体的人已被遗忘了。

我们只是作为那一世界眼而存在，一切有认识作用的生物固然都有此眼，但是唯有在人这只眼才能够完全从意志的驱使中解放出来。由于这一解放，个性的一切区别就完全消失了，以致这只观审的眼属于一个有权势的国王也好，属于一个被折磨的乞丐也好，都不相干而是同一回事了。这因为幸福和痛苦都不会在我们越过那条界线时一同被带到这边来。

“音乐是在演奏的瞬间就要被每个人所领会的。”

——叔本华

《悲剧的诞生》

——尼采（1844～1900年）

尼采（1844～1900年），德国哲学家。罗素说：尼采虽然是个教授，却是文艺性的哲学家，不算学院哲学家。

1844年10月15日一个男孩诞生在普鲁士萨克森州的洛肯镇路德教派的牧师家中，这天正好是普鲁士国王弗里德里希·威廉四世49岁生日，这个男孩因此取名为威廉·弗里德里希·尼采。他的母系有波兰贵族的血统，这一直是尼采引以自豪的事情。

由于父亲在尼采4岁的时候去世，这个性情孤僻，而且多愁善感，身体纤弱的男孩成为家中唯一一个男人，与母亲、奶奶、两个姑姑和妹妹伊丽莎白住在一起。伊丽莎白是青少年尼采重要的精神伴侣，但当尼采真正进入到精神探索的领域后，她就无法理解尼采的思想精髓了。这种精神上的距离甚至使尼采拒绝出席她的婚礼。

在尼采死后出版的自传中，尼采说：“从现在起直到死的那天，我的工作是：不要让这些笔记落入我妹妹手中，她最能证明马太所

▶尼采故居
1879年到1889年这10年里，尼采由于健康状况持续恶化，辞去公职开始独处，他住过瑞士的寄宿公寓、法国的里维埃拉和意大利，一直埋头创作，只与少数几个人来往。他的多部作品就是在这期间创作的，如《查拉图斯特拉如是说》、《偶像黄昏》、《反对基督者》等。

说的那句话：观其行，知其人。”尼采甚至认为，伊丽莎白是“雨果笔下美丽的魔鬼”。但伊丽莎白却固执地认为自己是尼采的真正知音，并力图成为他的发言人。在1888年尼采精神崩溃后，她终于如愿以偿地获得了这个身份。

▲尼采像
尼采是最有影响的现代思想家之一，他多次试图揭示对一代代神学家、哲学家、心理学家、诗人、小说家和剧作家有着深刻影响的支撑传统的西方宗教、道德和哲学的根本动机。

在姑姑正规的宗教教育下，小时候的尼采是个虔诚的教徒，但是成年的尼采没有继承父志而从事宗教事业，尼采却借查拉图斯特拉之口，高喊“上帝死了”，一语概括了基督教欧洲文明的危机，昭示着虚无主义的来临，将整个西方思想界震得摇摇欲坠。

小时候的尼采就显露出对音乐的爱好，尼采说：“如果没有音乐，生活对于我将是一种错误。”1864年，尼采入波恩大学，修习神学与古典文献学后转入莱比锡大学跟从当时的比较语言学巨擘李希尔学习。

1865年10月，尼采在房东的旧书店中看到了叔本华的著作《作为意志与表象的世界》：“书里的每一行都发出了超越、否定与超然的呼声。我看见了一面极为深刻地反映了整个世界、生活和我内心的镜子。”止是叔本华和后来结识的音乐家瓦格纳，使得尼采认为：“音乐是意志的直接体现。”

1869年25岁的尼采未进行论文答辩，即被李希尔推荐至巴塞尔大学担任古典文献学的额外教授。该年4月，他脱离普鲁士国籍，成为瑞士人。5月28日在巴塞尔大学发表就任讲演，讲题为“荷马与古典文学”。尼采主张：学者必须接受艺术家的观点来阐释经典。1870年，升为正教授。

1872年，尼采出版了《悲剧的诞生》，在这部著作中，尼采要“用艺术家的眼光来考察科学，又要用人生的眼光考察艺术！”1876年他健康状况开始恶化，此后的岁月中一直时断时续地受精神分裂症的折磨。1879年，尼采辞去了巴塞尔大学的教职，开始了十年的漫游生涯，同时也进入了创作的黄金时期。

1889年，在都灵大街上，尼采突然倒下，就在这瞬间，一个马夫赶着一辆马车经过，他抱着一匹被鞭打的马，放声痛哭：“我可怜的兄弟呀，你为什么这样的受苦受难！”1900年8月25日，这位“超人”在魏玛逝世，死后葬在故乡洛肯镇父母的墓旁。

“我愿这样死去，使你们因我而更爱大地；我愿成为泥土，使我在生育我的大地上得到安息。”

尼采是矛盾的。他从小生活在女性的温柔中，曾对自己中意的女人炙热地爱恋过，然而“他永远不厌其烦地痛骂妇女。在他的著作《查拉图斯特拉如是说》里，他说妇女现在还不能谈友谊；她们仍旧是猫，或是鸟，或者大不了是母牛。“男人应当训练来战争，女人应当训练来供战士娱乐。其余一概是愚蠢。”如果我们可以信赖在这个问题上他的最有力的警句：“你去女人那里吗？别忘了你的鞭子。”他认为“女人有那么多可羞耻的理由；女人是那么迂阔、浅薄、村夫子气、琐屑的骄矜、放肆不驯、隐蔽的轻率……迄今实在是因为对男人的恐惧才把这些约束控制得极好。”尼采终生未娶。罗素说：“别忘了你的鞭子——但是十个妇女有九个要除掉他的鞭子，他知道这点，所以他躲开了妇女，而用冷言恶语来抚慰他的受创伤的虚荣心。”

▲露·莎乐美
1873年，尼采与哲学家保罗·雷相识，并成为好友。后来，雷把尼采介绍给莎乐美，由此产生了复杂的三角关系，从而削弱了雷与尼采的友情。

审美人生

尼采喊出“上帝死了”，否定了传统的基督教价值观，因为：“上帝这个概念是作为与生命相对立的概念而发明的”，是对人生命的否定；他要“重估一切价值的价值”，讴歌生命意志，把生命从奴性的快乐中解放出来，用权力意志来为这个世界重新确定价值尺度。而《悲剧的诞生》是他“第一个一切价值的重估”。

尼采的整个思想体系正如乌苏拉·施耐德在《尼采幸福哲学的基本特点》中所说：“尼采的哲学道路是由把世界理解为一种痛苦的解释，由对这样一个痛苦世界的正当性的探讨以及如何摆脱这个痛苦世界，即对‘永恒化’和‘世界美化’的探索所规定的。一再被强调而且当然强调得很有道理的基本思想——上帝死了、超人、末人、强力意志、永恒轮回——仅仅标志着上述探讨世界及其拯救的道路的各个阶段。”

尼采认为“叔本华根本误解了意志（他似乎认为渴望、本能、欲望就是意志的根本)”，叔本华认为意志是痛苦的根源；而尼采要用他创造的权力意志去反抗生活的痛苦，创造新的价值和欢乐：“凡是有生命的地方便有意志，但不是生命意志，而是——我这样教给你——权力意志。权力意志是“永不耗竭的创造的生命意志……这个世界就是权力意志，此外一切皆无，你们自身也是权力意志，此外一切皆无。”权力意志是否定的，否定以往的价值：所谓的真与善不过是谎言与伪善。权力意志又是肯定的，它要划定界限，确定尺度和价值。权力是权力意志的内核和本性。权力意志是永恒的创造与生成，是一种日神与酒神的狂欢与陶醉。酒神是生命的狂欢者与沉醉者，他是一个欢乐之神，给人们带来食物，让人们狂欢。

▲《查拉图斯特拉如是说》封面

这本书被公认为以《圣经》故事体形式所写的文学和哲学杰作，中译本由北京文化艺术出版社1987年出版，全书近26万字。尼采本人评价此书说：“纵然把每个伟大心灵的精力和优点集合起来，也不能创作出《查拉图斯特拉如是说》的一个篇章。”

尼采的《悲剧的诞生》所要说明的问题是：悲剧起源于生命崇拜，源于酒神、音乐与歌舞，源于一种古老的希腊宗教仪式。尼采说：“只有作为一种审美现象，人生和世界才显得是有充足理由的。在这个意义上，悲剧神话恰好要使我们相信，甚至丑与不和谐也是意志在其永远洋溢的快乐中借以自娱的一种审美游戏。”也就是说，通过权力意志的审美游戏，把我们从痛苦中摆脱出来，给本无意义的世界和人生创造出意义。“肯定生命，哪怕是在它最异样最艰难的问题上；生命意志在其最高贵型的牺牲中，为自身的不可穷竭而欢欣鼓舞。”尼采认为：“没有什么是美的，只有人是美的：在这一简单的真理上建立了全部美学，它是美学的第一真理。我们立刻补上美学的第二真理：没有什么比衰退的人更丑了——审美判断的领域就此被限定了。——从生理学上看，一切丑都使人衰弱悲苦。”

尼采认为：“艺术是生命的伟大兴奋剂。”“艺术，除了艺术别无他物”，而且“艺术是生命的最高使命与真正的形而上活动”。“一

“诗句因激情而战栗，雄辩变成了音乐。”——尼采

切美的艺术”都是“生命的自我肯定、自我颂扬”。“一切艺术都有健身作用，可以增添力量，燃起欲火，激起对醉的全部微妙的回忆”。因而，艺术是对人自己生命本能和强力感的激发和肯定。

艺术源于人的两种至深本能，这就是尼采美学的两个核心概念：日神精神、酒神精神。尼采说：“日神的，酒神的。有两种状态，艺术本身表现于其中，就像自然力表现于人之中一样……这两种状态也表现在正常生活中，只是弱些罢了；梦境和醉意……梦境释放的是想象力、联系力、诗之力，醉意释放出的是言谈举止之力：激情之力、歌舞之力。”艺术家创造出丰富多彩、绚丽无比的世界，雕塑、史诗以及一切叙述文体的艺术就是日神艺术。酒神艺术不是以美见长的日神式造型艺术或史诗，而是音乐。

日神是理性的象征，酒神是非理性的象征。日神和酒神分别象征着宇宙、自然、人类的两种原始的本能，一种是迫使人驱向幻觉的本能，一种是迫使人驱向放纵的本能，这两种本能表现在自然的生理现象上就是“梦”和“醉”，而在审美和艺术领域则表现为迫使艺术家进行艺术创作的两种艺术力量或艺术冲动，它们是产生一切艺术的原动力。酒神精神作为艺术冲动是自然的、本能的、非理性的。尼采认为：“艺术家们，倘若他们有些成就，都一定是强壮的（肉体上也如此），精力过剩，像充满力量的野兽……在他们的生命中必须有一种朝气和春意，有一种惯常的醉意。”

尼采说：“酒神艺术也要使我们相信生存的永恒乐趣，不过我们不应在现象之中，而应在现象背后，寻找这种乐趣。我们应当认识到，存在的一切必须准备着异常痛苦的衰亡，我们被迫正视个体生存的恐怖——但是终究用不着吓瘫，一种形而上的慰藉使我们暂时逃脱世态变迁的纷扰。我们在短促的瞬间真的成为原始生灵本身，感觉到它的不可遏止的生存欲望和生存快乐。现在我们觉得，既然无数竞相生存的生命形态如此过剩，世界意志如此过分多产，斗争、痛苦、现象的毁灭就是不可避免的。正当我们仿佛与原始的生存狂喜合为一体，正当我们在酒神陶醉中期待这种喜悦常驻不衰，在同一瞬间，我们会被痛苦的利刺刺中。纵使有恐惧和怜悯之情，我们仍是幸运的生者，不是作为个体，而是众生一体，我们与它的生殖欢乐紧密相连。

酒神精神被尼采视为生命意志的最高表现方式，是对生命的最高肯定方式。日神与酒神的醉最终合而为一，于是诞生了悲剧。尼采把悲剧看做艺术的最高样式。尼采认为悲剧具有“形而上的慰藉”功能：悲剧具有“激发、净化、释放全民族生机的伟大力量”。

正如尼采自己所说：“我的时代尚未到来，有些人要死后才生。”他影响其身后的很多思想家和文学家，但是也被希特勒奉为精神知己，希特勒曾亲自拜谒过尼采之墓，并把《尼采全集》当做寿礼送给另一位大独裁者墨索里尼，尼采的一句格言为希特勒终生恪守：“强人的格言，别理会！让他们去唏嘘！夺取吧！我请你只管夺取！”据说，在第一次世界大战期间，德国士兵的背包中有两本书是最常见的，一本是《圣经》，另一本是尼采的《查拉图斯特拉如是说》。

▼ 尼采提出，每个人都应该充分认识到自己的潜能和“权力意志”，“权力意志”不仅体现在文化政治活动中，而且体现在战争中，拿破仑就是一个强烈认识到自身“权力意志”的人。图为拿破仑的军队在五月广场向他宣誓效忠。

一个天才的发现

——车尔尼雪夫斯基（1828～1889年）

车尔尼雪夫斯基（1828～1889年），俄国唯物主义哲学家、文学评论家、作家、革命民主主义者。

普列汉诺夫曾把他比喻为希腊神话中盗天火予人间的英雄，称他为“俄国文学中的普罗米修斯”。

车尔尼雪夫斯基于1828年7月24日出生在伏尔加河边美丽的萨拉托夫城。这座城市名称是鞑靼语“黄色的山脉”的意思。他的父亲是一个有学问的牧师，家里有很多藏书。1842年进入萨拉托夫正教中学。16岁时，车尔尼雪夫斯基已经通晓7种外国语，大量阅读了俄国民主主义者别林斯基和赫尔岑的文章。

1846年5月，他考入彼得堡大学历史语文系。在大学读书的几年中，勤奋的车尔尼雪夫斯基被老师和同学戏谑地称为“伏尔加河边的读书迷”。车尔尼雪夫斯基最喜欢俄国大诗人普希金和莱蒙托夫的诗，喜欢英国作家狄更斯和法国女作家乔治·桑的小说。1850年他大学毕业，次年重返萨拉托夫，在中学教授语文，宣传进步思想。1853年他同本地医生女儿华西利耶娃结婚，同年迁居圣彼得堡，想在大学里当教授。他一边在中学教书，一边着手写作硕士学位论文《艺术对现实的审美关系》。这篇著名的美学论文1855年5月发表在《现代人》杂志上。

《艺术对现实的审美关系》这篇论文向黑格尔的唯心主义美学进行了大胆的挑战，提出“美是生活”的定义。重返彼得堡后，他就开始为《祖国纪事》杂志撰稿，后又应涅克拉索夫的邀请到《现

“生命，如果跟时代崇高的责任联系在一起，你就会感到它永垂不朽。”
——车尔尼雪夫斯基

代人》杂志编辑部工作。《现代人》杂志成了传播革命思想的论坛，揭露“农奴解放”的骗局，号召农民起义。1862年席卷全俄的农民起义遭到镇压，同年6月《现代人》被勒令停刊8个月。作为俄罗斯公认的革命领袖和导师，车尔尼雪夫斯基遭到反动派的敌视和仇恨，7月7日他被捕，关进彼得堡保罗要塞单身牢房。

◀曾关押车尔尼雪夫斯基的彼得堡保罗要塞。

彼得堡保罗要塞是1703年彼得大帝下令建造的，后来的沙皇政府就把它变成了一座政治监狱。在狱中，他以惊人的勇敢和顽强的毅力继续着革命的写作活动。在被关押的678天里，他完成长篇小说《怎么办》。这部作品不仅被19世纪60年代的俄国青年奉为“生活的教科书”，而且被后世誉为“代代相传的书”，列宁热情赞扬“这种作品能使人一辈子精神饱满”。“在它的影响下，成百成千的人变成了革命家”。这部作品是19世纪俄罗斯的古典主义杰作之一。

在他被拘留两年后，沙皇政府采取伪证方法，强行判处他7年苦役，剥夺一切财产，终身流放西伯利亚。1864年5月19日，在彼得堡的拉特宁广场上进行了侮辱性的褫夺公民权的假死刑仪式。车尔尼雪夫斯基被捆在“耻辱柱”上，胸前挂着写有“国事犯”字样的牌子，刽子手在他的头顶上把长剑折成两段。这时，天下起了大雨。一位少女把一束鲜花抛给了车尔尼雪夫斯基，她也因此而被逮捕。随后，车尔尼雪夫斯基被押上马车，送往西伯利亚。马车夫跟车尔尼雪夫斯基告别时说：“谁拥护人民，他就被流放到西伯利亚去，这一点我们早就知道。”虽然要忍受20多年的流放生活，但是这位俄国革命家会因为有着这样的人民而感到终生的幸福。

他先是被流放到伊尔库茨克盐场服苦役，然后被转送到卡达亚矿山。两年后，又被押到亚历山大工场。七年苦役期满后，又延长其苦役期，转押到荒无人烟的亚库特和维留伊斯克，维留伊斯克这座城市靠近北极圈，是个雅库特人的村庄，周围是荒无人烟的原始森林，每年只有冬季的四个月才可以乘爬犁通行。整座城堡监狱只有车尔尼雪夫斯基一个犯人，由警察局长亲自负责看守。仅有的7名警察将他们的一半的精力都放在了这个沙皇亲自关注的要犯身上。在西伯利亚流放20多年后，1889年6月，车尔尼雪夫斯基才得到许可回到故乡萨拉托夫。四个多月后，1889年10月29日，这位伟大的作家因脑溢血离开了人世。

美是生活

列宁称赞车尔尼雪夫斯基"从50年代起直到1888年，始终保持着完整的哲学唯物主义的水平"。车尔尼雪夫斯基美学有着鲜明的时代性、阶级性。他在别林斯基的批判现实主义传统的影响下，在著名的美学著作《艺术与现实主义美学的关系》中对黑格尔的"美是理念的感性显现"进行了批判，提出"美是生活"。这本书"在美学界已成为一部家喻户晓的书"。被苏联当做是文艺理论方面的"圣经"。

在世界美学史上，车尔尼雪夫斯基第一个提出了"美是生活"

"艺术是人类的生活教科书。"　　——车尔尼雪夫斯基

的崭新定义，普列汉诺夫称"美是生活"是一个天才的发现。"美是生活"是车尔尼雪夫斯基美学的核心内容。"美是生活"这个定义包括三个层面：一，"美是生活"；二，"任何事物，凡是我们在那里面看得见依照我们的理解应当如此的生活，那就是美的"；三，"任何东西，凡是显示出生活或使我们想起生活的，那就是美的"。这三个层面是一个有机的整体。部分也因为"生活"在俄语中兼有"生命"和"生活"两种意思，车尔尼雪夫斯基在使用中没有区分。

我们先看看车尔尼雪夫斯基在其著作《艺术与现实主义美学的

关系》中所说：

在人觉得可爱的一切东西中最有一般性的，他觉得世界上最可爱的，就是生活；首先是他所愿意过、他所喜欢的那种生活；其次是任何一种生活，因为活着到底比不活好：但凡活的东西在本性上就恐惧死亡，恐惧不存在，而爱生活。所以，这样一个定义：

“美是生活”；“任何事物，凡是我们在那里面看得见依照我们的理解就当如此的生活，那就是美的；任何东西，凡是显示出生活或使我们想起生活的，那就是美的。”

在普通人民看来，“美好的生活”、“应当如此的生活”就是吃得饱，住得好，睡眠充足；但是在农民，“生活”这个概念同时总是包括劳动的概念在内：生活而不劳动是不可能的，而且也是叫人烦闷的。辛勤劳动、却不致令人精疲力竭那样一种富足生活的结果，使青年农民或农家少女都有非常鲜嫩红润的面色——这照普通

▲五月斋与谢肉节 尼德兰 勃鲁盖尔

“任何东西，凡是显示出生活或使我们想起生活的，那就是美的。”在《五月斋与谢肉节》一画中，勃鲁盖尔充分发挥他的想象力，表现了市民的节日习惯、娱乐的丰富多彩。为了扩大空间，画家选择了高视点，略微提高了地平线。在这个空间里有着许许多多活跃的人物和各种不同的风俗场面。勃鲁盖尔的艺术语言既宏伟壮丽，又简洁朴实。这幅画色彩绚丽而富有变化，整幅画因使用散点光源很少画物投影而显得干净清晰。作品展现了城市生活与农村生活不一样的美。

人民的理解，就是美的第一个条件……民歌中关于美人的描写，没有一个美的特征不是表现着旺盛的健康和均衡的体格，而这永远是生活富足而又经常地、认真地、但并不过度地劳动的结果。丰衣足食而又辛勤劳动，因此农家少女体格强壮，长得很结实——这也是乡下美人的必要条件，“弱不禁风”的上流社会美人在乡下人看来是断然“不漂亮的”，甚至给他不愉快的印象，因为他一向认为“消瘦”不是疾病就是“苦命”的结果。上流的美人就完全不同了：她的历代祖先都是不靠双手劳动而生活过来的；由于无所事事的生活，血液很少流到四肢去；手足的筋肉一代弱似一代，骨骼也愈来愈小；而其必然的结果是纤细的手足——社会的上层阶级觉得唯一值得过的生活，即没有体力劳动的生活的标志；假如上流社会妇女大手大脚，这不是她长得不好就是她并非出自名门望族的标志。

可爱的是鲜艳的容颜，
青春时期的标志；
但是苍白的面色，忧郁的症状，
却更为可爱。

如果说对苍白的、病态的美人的倾慕是虚矫的、颓废的趣味的标志，那么每个真正有教养的人就都感觉到真正的生活是思想和心灵的生活。这样的生活在面部表情，特别是眼睛上留下了烙印，所以在民歌里歌咏得很少的面部表情，在流行于有教养的人们中间的美的概念里却有重大的意义；往往一个人只因为有一双美丽的、富于表情的眼睛而在我们看来就是美的。

而且在我看来，所有那些属性都只是因为我们在那里面看见了如我们所了解的那种生活的显现，这才给予我们美的印象。美是生活，首先是使我们想起人以及人类生活的那种生活。

从“美是生活”这个定义却可以推论：真正的最高的美正是人

“未来是光明美好的。爱它吧，向着它奔去，为它工作，使它尽快到来，使未来成为现实吧！”——车尔尼雪夫斯基

▲**少女与桃 俄罗斯 谢洛夫**

真正的美是在现实世界中所遇到的美。《少女与桃》是谢洛夫青年时期的作品，此画是谢洛夫在河勒拉姆采沃马蒙托夫庄园画成的，画中的少女就是马蒙托夫的女儿薇拉。这幅油画显示了他非凡的艺术才能，画中少女充满了阳光和青春活力，艺术表现手法完美无缺。这个美丽天真的少女让人感受到生活的美好，人生的美好。

在现实世界中所遇到的美，而不是艺术所创造的美；根据这种对现实中的美的看法，艺术的起源就要得到完全不同的解释了；从而对艺术的重要性也要用完全不同的眼光去看待了。我是说那在本质上就是美的东西，而不是因为美丽地被表现在艺术中所以才美的东西；我是说美的事物和现象，而不是它们在艺术作品中美的表现。

总之："在我们的概念中，主要的是生活。就审美范围而言，别人把生活了解为仅仅是理念的表现，而我们却认为生活就是美的本质。"①

列宁说："尽管他具有空想社会主义的思想，但是他还是一个资本主义的异常深刻的批评家。"他提出的"美就是生活"的著名论断，是对截至黑格尔以前的唯心主义美学一次前所未有的挑战。

他把唯物主义的认识论"尊重现实生活，不信先验的假设"应用到了艺术范围，表现了革命的唯物主义倾向。我们看到他把美和劳动联系到一起。对于文艺的功能，车尔尼雪夫斯基认为艺术要成为"生活的教科书"。文艺作为阶级斗争的武器，推进社会发展。

列宁还说：车尔尼雪夫斯基的人本主义哲学"只是关于唯物主义的不确切的肤浅的表述"。

①引文有改动，参见车尔尼雪夫斯基：《艺术与现实的审美关系》，人民文学出版社1979年版。

实验美学和移情美学的创立和发展

审美心理学，也叫文艺心理学，是研究作为文艺活动主体的审美体验与审美活动。从心理角度分析人类的审美体验与文艺活动，西方最早可以推溯到古希腊时期。毕达哥拉斯认为具有“旁观”这样一种心理状态，才能获得审美愉悦。柏拉图把“迷狂说”引入到审美领域。亚里士多德提出了著名的“净化说”。

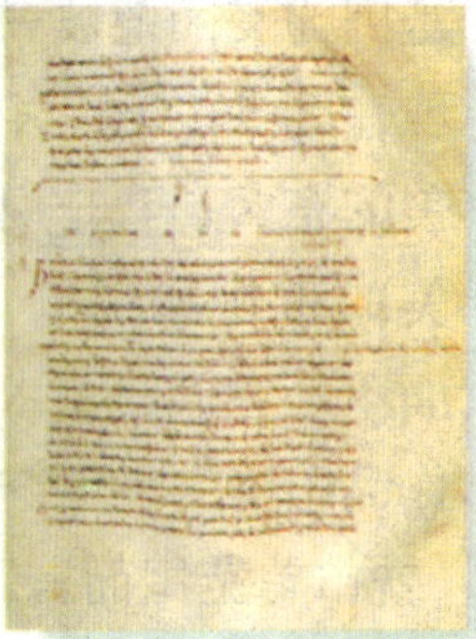

▶**柏拉图手稿**
柏拉图的“迷狂”说对文艺心理学产生了深远影响。

17、18 世纪的英国经验派美学是最早运用心理学来研究审美现象的学派，他们把想象、情感和美感的研究提到首位，出现了夏夫兹伯里的“内在感官”说和休谟的“同情”说。德国古典美学中对想象力给予高度的赞扬。

19 世纪后半叶，西方心理学脱离哲学形成为一门独立的学科后，为现代审美心理学的建立和发展奠定了基础。这期间出现了费希纳的实验美学和李普斯的“移情说”，布洛赫提出的“心理距离”说，谷鲁斯的“内摹仿说”以及闵斯特堡的“孤立”说，这些现代西方心理学美学早期流派的重要成果主要探讨的是人类审美体验中的心理特征，重视对主体心理功能的研究，重视情感、想象等非理性因素在艺术创造和审美活动中的作用。

实验心理学派运用心理学实验方法研究美学和艺术经验，把美学和自然科学结合起来，研究对象从客体转向主体，从美的本质的寻觅转向主体审美经验的研究。对审美主体的研究从一般的艺术想象、构思转向审美心理、生理的研究，这标志着古典美学向着现代美学的转变。

古斯塔夫·西奥多·费希纳（1801～1887年），德国哲学家、物理学家、心理物理学的主要创建者、实验心理学和美学的奠基者之一；其将自然科学的方法引入心理学，乃心理学方法上的一大突破，并为冯特的实验心理学奠定了基础。

▲费希纳像

德国实验心理学的奠基人之一，他的实验美学标志着古典美学向现代美学的转变。

1801年4月19日费希纳出生于德国东南部的一个村庄里。他父亲是村里的牧师。这位牧师把宗教信仰与坚定不移的科学观结合了起来，正如他的儿子一样——为了论证泛灵论，他一生致力于寻求一种科学方法，借以使具有精神与物质两个方面的世界统一于灵魂之中。使村里人大惑不解的是他父亲用上帝的语言布道，却在教堂的尖顶上安装了一根避雷针，在当时的情况下，这份小心谨慎是对上帝信心不足的表现。费希纳5岁丧父，自幼在其叔父家长大。1817年，费希纳进入莱比锡大学学医，1822年在该校毕业，获医学博士学位。并在莱比锡度过一生。1887年11月18日卒于莱比锡。

费希纳用一种富有诗意的神秘眼光考察世界，认为凡物有组织即有生命，有生命即有灵魂。完成医学学习后，费希纳便在莱比锡开始他的第二种事业，即研究数学和物理学。1824年他已经在莱比锡大学开始讲授物理学，从事他自己的研究。那个时期他把法文的物理学和化学手册译成德文。至1830年他已翻译了12册以上的书。

他于1833年结婚，并于1834年获得莱比锡大学全职教授职位。这个时期他逐渐对感觉问题发生兴趣。为了研究后象，要透过有色玻璃看太阳，这使他的眼睛受到严重伤害，几乎失明，他在暗室里让自己避光，忍受着疼痛、情感压抑、无法排遣的无聊和严重的消化道疾病的折磨。三年中除了他的妻子外，断绝了和任何人的往来，他把自己的房子漆成黑色，白天黑夜待在里面，什么人也不见。他患了神经衰弱症，并产生了自杀的念头。他后来评述这一时期的生活："我无法入睡，身心疲劳，不能思想，甚至引起我失去了对人生的信心。"

1839年他辞去物理学讲席。1844年他从大学得到一小笔补助金，就此被认为是不能再从事工作的人。但后来的事实并非如此，正如著名心理学史家舒尔茨曾指出："在费希纳一生的后四十四年中，他没有一年不做出重要贡献。"

费希纳后来又恢复健康，似乎也是一个奇迹。最终，他自己慢慢好起来了，过了一阵子后，他就可以看见东西而且眼睛不疼，还能与人讲话。他在好几个月的时间里第一次到花园去散步时，花儿看上去更明亮，色彩更鲜艳，比以前更美丽："我毫不怀疑我已经发现了花朵的灵魂，并以我极奇怪的、受到魔力影响的情绪想到：这是躲藏在这个世界的隔板之后的花园。整个地球和它的球体本身只是这个花园周围的一道篱笆，是为了挡住仍然在外面等待着的人们。"这个时期为费希纳一生中的紧要关头，对于他的思想和后来的生活都有深刻的影响。

正是这个神秘的信仰使费希纳进行他那具有历史意义的实验心理学的。"没有费希纳……也许仍然会有一种实验心理学……可是，在实验体中，却不可能出现如此广泛的科学范畴，因为，如果测量不能成为科学的工具之一，则我们很难认为某个课题是符合科学的。因为他所做的事情和他做这些事情的时代，费希纳创立了实验计量心理学，并把这门学问从其原来的途径搬回来导入了正轨。人们也许可以称他作实验心理学之父，或者，人们也许会把这个称号送给冯特。这没有什么关系。费希纳种下了肥沃的思想之种，它生长起来，并带来了丰硕的成果。"

19世纪初，康德曾预言，心理学绝不可能成为科学，因为它不

美学辞典

审美移情说：重要的美学概念，19世纪德国美学家劳伯特·费尚尔首次提出，由德国心理学家李普斯、谷鲁斯将这一学说完善发展。李普斯认为美的价值是一种客观化的自我价值感，移情是审美欣赏的基本前提。移情作用不一定是美感经验，而美感经验常含有移情作用。移情可分为四种类型：(1) 一般的统觉移情，给普通对象的形式以生命，使线条转化成一种运动或延伸。(2) 经验的或自然的移情，使自然对象拟人化。(3) 氛围移情，使色彩富于性格特征，使音乐富于表现力。(4) 生物感性表现的移情，把人们的外貌作为他们内心生命的表征，使人的音容笑貌富有意蕴。

可能通过实验测量心理过程。由于费希纳的成果，科学家才第一次能够测量精神。1850年10月22日的早晨，他躺在床上考虑如何向机械论者证明，意识和肉体是一个基本统一体的两个方面。心理学史家D．舒尔茨写道："1850年10月22日早晨，心理学史上的一个重要日子，费希纳忽然领悟到心与身之间的联系法则可以用物质刺激与心理感觉之间的数量关系来说明。"

他第一次系统地探索物理和心理学王国之间的数量关系，因此命名为"心理物理学"。费希纳于1860年出版《心理物理学纲要》一书。该书被认为是对心理学的科学发展具有创造性的贡献之一。如波林论及费希纳的成败时曾说过："他攻击物质主义的铜墙铁壁，但又因测量了感觉而受到赞美。"

费希纳在1876年出版了他的《美学导论》。在书中，费希纳利用他的实验结果表示了对蔡辛观点的支持——蔡辛是19世纪德国美学家，他认为21∶34的比例，即黄金分割是一种标准的审美关系，是在整个自然界和艺术中占优势的比例。此后，黄金分割一度在美学中被认定为一种普遍的形式美原则。

20世纪70年代以来，实验心理学对黄金分割是否是一种普遍有效的形式美规则，做了多次跨文化实验。被试对象包括欧洲居民和非欧洲居民，实验具有人类学意义。多次实验证明，无论在欧洲文化环境中，还是非欧洲文化环境中，黄金分割都不是具有审美优势的形式规则。心理学家艾森克指出："总而言之，黄金分割被证明并不是美学家或实验美学家的一个有效的支点。"

虽然费希纳被称为实验心理学之父，并且因创立了心理物理学而闻名于世，但是他本人倒是希望以哲学家的头衔留名于后世。

费希纳所创立的实验美学就是运用心理学和物理学中定量分析法来测定某些刺激物所引起的人的审美感受。他宣称这个新的美学研究领域，不是像传统的形而上学美学那样"从一般到特殊"或"自上而下"，而是一种"自下而上的美学"，遵循的方法是"从特殊到一般"，就是采用实验的方法系统地研究和比较许多不同的人的美感经验。例如：测量人们常用的或喜欢用的东西的大小比例（常用物测量法）等。这些简单的实验得出的某些结论是：人最不喜欢的图形是十分长的长方形和整整齐齐的四方形，而最喜欢的图形是比例接近于黄金分割的长方形。

通过一系列实验和观察，费希纳总结出了13条心理美学规律。其中有一些曾在美学中发生广泛的影响。例如，“审美联想”律：一件事物所造成的审美印象可以分解为直接的和联想的两种因素，联想或回忆起的快乐或不快乐的东西，有可能与当前的印象一致，也可能不一致。

“审美对比”律：当两种在质的方面或量的方面不同，但又可能加以比较的事物一起或先后进入意识之中的时候，它们所产生的效果并不等于它们分别所产生的效果或总和。因为二者之间的对比会影响或改变这个总和。

“用力最小”律：审美快乐来自同所持目的相关精力的最小消耗，而不是来自精力自身的最大节省。

尽管实验美学有很大的局限性，但是费希纳所开创的实验美学引起了美学研究的重大变化，自然科学和心理科学中使用的方法日渐成了美学中的合法方法，“自下而上”的方法即对人们所共有的

经验进行分析的方法，部分地或完全地代替了原先占统治地位的先验的哲学演绎方法。

自此以后，尽管“哲学美学”的名称仍然存在，但它已不是原来的意义，许多哲学思辨都已经注意在实验的或科学的基础上进行了。

移情现象是原始民族的形象思维中一个突出的现象，在语言、神话、宗教和艺术的起源里到处可见。

“移情说”诞生于19世纪的德国。审美移情说的概念是19世纪德国美学家劳伯特·费肖尔首先提出来的，尔后李普斯、谷鲁斯建立了完整而严密的审美移情学说。直到19世纪后半期移情说才在美学领域里取得了主导地位。

20世纪初德国的心理学家、美学家李普斯把移情说提高到科学形态。有人把美学中的移情说比作生物学中的进化论，把李普斯比作达尔文。他被称为“慕尼黑现象学之父”。

李普斯以移情原理为中心，在他的《美学》一书中对审美经验作了系统的论述。他指出，美的价值是一种客观化的自我价值感，移情是审美欣赏的基本前提。他把移情区分为四种类型：

一般的统觉移情，给普通对象的形式以生命，使线条转化成一种运动或伸延。我们说柳公权的字“劲拔”，赵孟頫的字“秀媚”，这都是把墨涂的痕迹看做有生气有性格的东西，都是把字在心中所引起的意象移到字的本

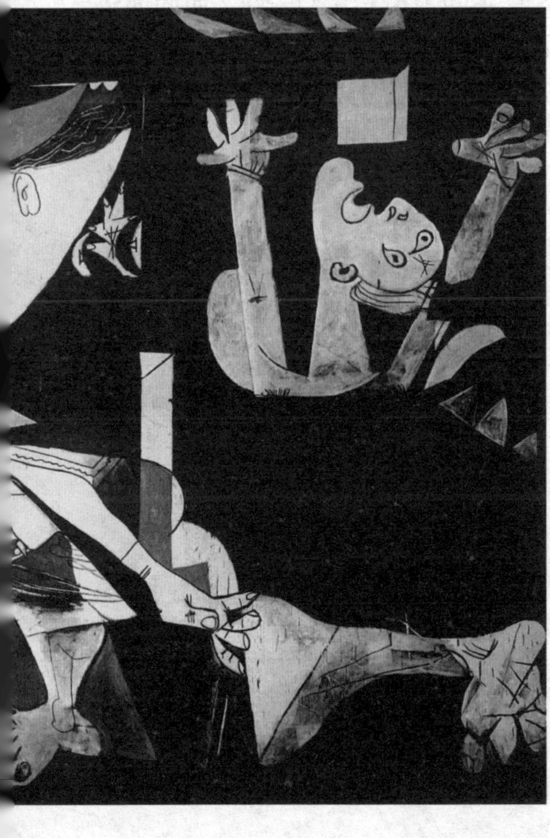

◀**格尔尼卡 西班牙 毕加索**
此画是毕加索的代表作，采用半写实的象征性手法，用黑、白、灰三色渲染悲剧色彩，作品丰富的内涵使人产生不同的审美联想。

身上面去。

经验的或自然的移情，使自然对象拟人化，如风在咆哮、树叶在低语。再如：古松的形象引起高风亮节的类似联想，我心中便隐约觉到高风亮节所需伴着的情感。因为我忘记古松和我是两件事，我就于无意之中把这种高风亮节的气概移置到古松上面去，仿佛古松原来就有这种性格。同时我又不知不觉地受古松的这种性格影响，自己也振作起来，模仿它那一副苍老劲拔的姿态。所以古松俨然变成一个人，人也俨然变成一棵古松。真正的美感经验都是如此，都要达到物我同一的境界，在物我同一的境界中，移情作用最容易发生，因为我们根本就不分辨所生的情感到底是属于我还是属于物的。

氛围移情，使色彩富于性格特征，使音乐富于表现力。观赏者在审美活动中总是把自己的情感渗透到审美对象中去，总是被艺术家描绘的情境所感染，这种渗透、感染也就是审美移情。例如：乐调自身本来只有高低、长短、急缓的分别，而不能有快乐和悲伤的分别。听者心中自起一种节奏和音乐的节奏相平行。听一曲高而缓的调子，心理也随之作一种高而缓的活动；听一曲低而急的调子，心理也随之作一种低而急的活动。这种高而缓或是低而急的心力活

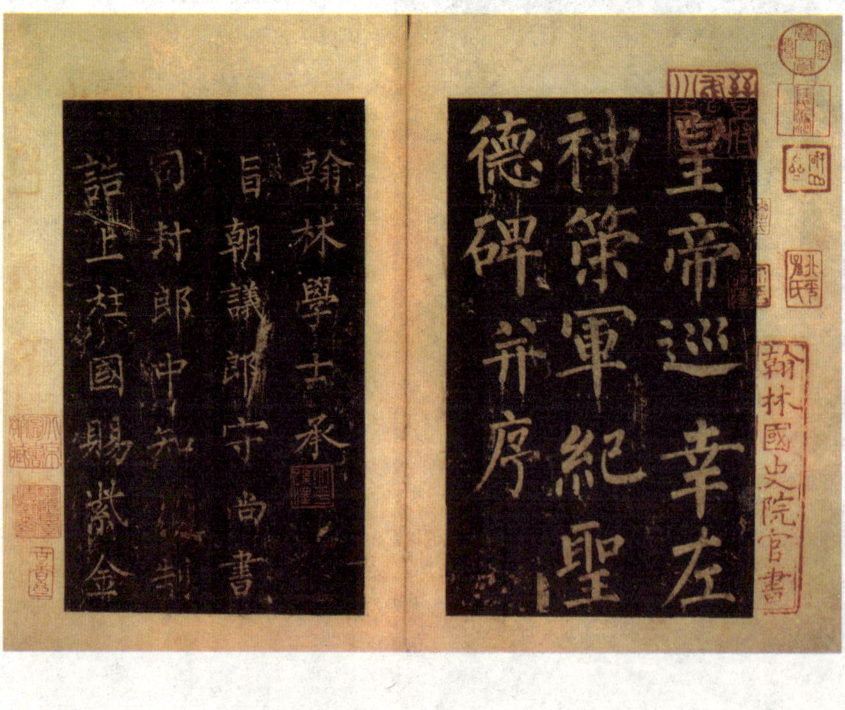

▶**神策军碑 唐 柳公权**
此碑刻于唐会昌三年，立在唐神策左军驻地，故而拓本极少，为柳公权60岁所书，书法劲健，笔画圆厚，为柳书中的最佳作品，行书完整，犹如墨迹。人们对柳公权书法的形容正是运用了李普斯“移情说”。

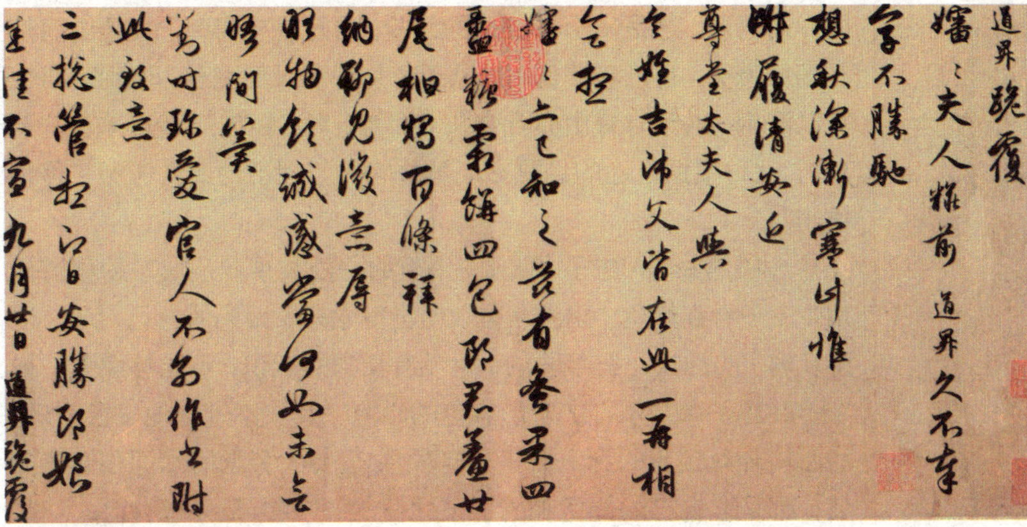

▲行书秋深帖 元 管道升

管道升，字仲姬，赵孟頫之妻，夫妇和谐，乃才识交流，诗文笔翰，亦不让于赵孟頫。此帖秀媚灵妙，劲健有力，足知笔力非凡，或以此为赵孟頫代笔，细观其行文中，颇有赵孟頫态度，但管氏自有书名，或可视为真迹。这件书法作品是“移情说”的又一例证。

动，常蔓延浸润到全部心境，使它变成和高而缓的活动或是低而急的活动相同调，于是听者心中遂感觉一种欢欣鼓舞或是抑郁凄恻的情调。这种情调本来属于听者，在聚精会神之中，他把这种情调外射出去，于是音乐也就有快乐和悲伤的分别了。

生物感性表现的移情，把人们的外貌作为他们内心生命的表征，使人的音容笑貌充满意蕴。

李普斯指出，审美的享受不是对于对象的享用，而是自我享受，是在自身之内体验到的直接价值感。这种审美体验是产生于自我的，而与被感知到的形象相吻合。所以，它既不是自我本身，也不是对象本身，而是自我体验的对象形象，形象与自我是互相交融，互相渗透的。在这里享受的自我与观赏的对象是同一的，这是移情现象的基础。移情作用不一定就是美感经验，而美感经验却常含有移情作用。美感经验中的移情作用不单是由我及物的，同时也是由物及我的；它不仅把我的性格和情感移注于物，同时也把物的姿态吸收于我。

移情的现象可以称之为“宇宙的人情化”，因为有移情作用然后本来只有物理性的东西可具人情，本来无生气的东西可有生气。“移情作用”是把自己的情感移到外物身上去，仿佛觉得外物也有同样的情感。这是一个极普遍的经验。自己在欢喜时，大地山河都在扬眉带笑；自己在悲伤时，风云花鸟都在叹气凝愁。惜别时蜡烛可以垂泪，兴到时青山亦觉点头。柳絮有时“轻狂”，晚峰有时“清苦”。这种根据自己的经验来了解外物的心理活动通常叫做“移情作用”。

人所熟知的《庄子·秋水》篇里的一段故事就是典型的移情作用：庄子看到鲦鱼“出游从容”便觉得它乐，因为他自己对于“出游从容”的滋味是有经验的。鱼没有反省的意识，不能够像人一样“乐”，庄子拿“乐”字来形容鱼的心境，其实不过把他自己“乐”的心境外射到鱼的身上罢了。“我”知道旁人旁物的知觉和情感如何，都是拿自己的知觉和情感来比拟的。“我”只知道自己，“我”知道旁人旁物时是把旁人旁物看成自己，或是把自己推到旁人旁物的地位。人与人，人与物，都有共同之点，所以他们都有互相感通之点。[①]

①参见《朱光潜全集》第7卷第262～297页，安徽教育出版社1991年版。

第六章

20 世纪以来的美学

20世纪美学与人类社会在20世纪的进步关系密切。20世纪的人类社会在政治、经济、科技、文化等社会生活的各个领域都获得了空前的发展，同时人类所面对的各种问题也空前地增多，而现代主义美学思想敏感而又全面地反映了人类社会发展的现状，进入了多元发展的时代，流派纷呈，方法多样，形式主义、精神分析、现象学、结构主义等令人目不暇接，美学研究不断地向新的领域深入下去。

表现主义美学

——克罗齐（1866～1952 年）

“黑格尔美学是艺术死亡的悼词，它考察了艺术相继发生的形式并表明了这些艺术形式的发展阶段的全部完成，它把它们埋葬起来，而哲学为它们写下了碑文。”①

针对古典美学中的艺术消亡论，克罗齐通过强调直觉的知识（即艺术）是人类心灵活动中必不可少的一个阶段作出了回答：“问艺术是否能消灭，犹如问感受或理智能否消灭，是一样无稽。”

克罗齐“直觉即表现”理论的核心，就是要从理论上确立艺术的独立地位，是直接针对着古典美学的理性至上原则及艺术消亡论的。美就是表现，“合适的表现，如果是合适的表现，也就是美的。美不是别的，就是意象的精确性，因此也就是表现的精确性。”

克罗齐的美学理论是 20 世纪最有影响的美学理论之一。他的“艺术即直觉，直觉即表现”是他整个心灵哲学的一个组成部分，是他美学体系的核心论点。

表现主义（Expressionism）是从法文“表现”一词引申出来的，它最初出现于 1901 年在法国巴黎举办的玛蒂斯画展上，是茹利安 · 奥古斯特 · 埃尔维一组油画的总题名。1911 年德国《风暴》杂志刊载希勒尔的一篇文章，首次借用这个词来称呼柏林的先锋派作家，1914 年以后方为人们普遍承认和采用。表现主义是 20 世纪初至 30 年代盛行于欧美一些国家的文学艺术流派，也是西方现代文学中的主要流派之一。第一次世界大战后在德国和奥地利流行最

“历史现在、过去、将来都是一样的，就是称之为活历史的，是合乎理想的当代史。”

——克罗齐

①克罗齐著，王天清译：《作为表现的科学和一般语言学的美学的历史》第 144 页，中国社会科学出版社 1984 年版。

广。它涉及的领域广阔，包括绘画、雕塑、音乐、文学、戏剧以及电影等形式。其主要特点就是强调艺术表现中的主观性和情感宣泄。主张艺术应当干预生活；自我是宇宙的中心和真实的源泉："现实必须由我们创造出来。"主要特征是抽象的人物，人都是象征性的，不具体的，非常类型化的。只是共性的抽象和观念的象征。狂热的激情；荒诞离奇的内容，散乱的结构，强烈的色彩等。强调"艺术就是表现"。表现主义意味着一种叛逆、否定和反抗，具有鲜明的反传统性格。表现主义是对自然主义和印象主义的一种反驳。

直觉即表现亦即艺术

克罗齐美学实现了西方美学的价值论转向。

▲克罗齐像

克罗齐主张艺术即直觉，美即表现，艺术与美同一，从而把美从"道德的象征"或"理念的显现"转变为"情感的表现"。克罗齐认为，艺术是纯直觉，创造力既不是道德，也不是哲学。艺术表达的是具体的特性，不应该追问它的真与善。

克罗齐（1866～1952年），意大利新黑格尔主义哲学家、美学家、历史学家、政治家。1866年2月25日生于阿圭拉省佩斯卡塞洛里，父母都是虔诚的天主教徒。1883年，在一次大地震中，他失去了双亲，他也被埋在瓦砾中7个多小时，受到了重伤。随后，他来到了罗马，和叔父住在一起，并在罗马大学学习法律，但是他一直没有获得学位，随后就回到了那不勒斯，1952年11月20日卒于那不勒斯。

他是意大利资产阶级自由派的著名代表。1910年当选为参议员。1914年结婚并有四个女儿。1920年、1921年任政府教育部长。在墨索里尼当政和德国占领时期，他在自己的著述中坚持反法西斯立场；1943年～1947年领导他所重新创建的自由党，并于1944年短期担任过部长。

他的学术研究最初侧重历史，后来转到哲学、美学和文学。在哲学和美学上他受到黑格尔、维柯的影响。

克罗齐把心灵活动分为认识活动和实践活动。认识活动从直觉始，到概念止；实践活动从经济活动始，到道德活动止。直觉、概念、经济、道德这四种心灵活动囊括了一切心灵活动。直觉是全部心灵历程的始点。直觉是心灵最低一层的活动，它可不依赖于其他任何一种心灵活动，其他任何一种心灵活动却离不开它。直觉的独特性包含了表现的独特性。直觉求美，概念求真，经济求利，道德求善。审美直觉是有别于逻辑活动的知识形式。直觉产生个别意象，正反价值为美与丑；克罗齐说："知识有两种形式：不是直觉的，就是逻辑的；不是从想象得到的，就是从理智得来的；不是关于个体的，就是关于共相的；不是关于诸个别的事物，就是关于它们中间关系的，总之，知识所产生的不是意象，就是概念。"也就

"艺术的直觉总是抒情的直觉。"　　——克罗齐

▲呼号　挪威　蒙克

又名《呐喊》，作者在此将人对孤独与死亡的恐惧感淋漓尽致地刻画出来，他为恐惧赋予概括、含糊乃至恐怖的表现。画中那婉转随意的线条，将凄惨的尖叫变成了可见的振动，像声波一样绵延不断地向外扩散，具有非凡的表现力。此画是表现主义绘画中的典范之作。

是说，直觉是介于感觉与知觉之间的一种心灵活动，是全部心灵活动的基础。直觉是个体的形象，是属于形式的，因此是个体的形式。克罗齐说："直觉在一个艺术作品中所见出的不是时间和空间，而是性格、个别的相貌。"艺术的本质是直觉——表现。直觉是人人皆有的心灵活动。艺术天才与一般天才比较，只有量的多寡。"诗人是天生的"一句话应改为"人是天生的诗人"。

在克罗齐看来，作为一种心灵活动，直觉是一种精神性的东西，直觉作为"心灵综合作用"既表现了情感，又创造了客观世界中的物质。它把形式给了"感觉"，使"感觉"有了形式或形象而被表现出来，变成能被心灵掌握、能被心灵察觉的东西，也就是变成了人的感情认识的对象。如果感觉能恰如其分地被意象表现出来，这些表现就是成功的，而美就是成功的表现。

凡是直觉都是表现，如果表现不出来，就证明它还算不上直觉，而且这里说的表现是指"心中成就"的表现，并非一定得写在纸上（如诗），画在画布上（如画）或者谱成乐谱演奏出来（如音乐）。

克罗齐认为，只要表现已在心中成就，就一定能写下（画下、谱下），否则说明表现在心中尚未成就，以为自己心中已有了表现，那只是一种错觉。克罗齐说："每一个直觉或表象同时也是表现。没有在表现中对象化了的东西就不是直觉或表象，就还只是感受和自然的事。心灵只有借造作、赋形、表现才能直觉。"

克罗齐得出了一系列结论：即直觉就是抒情的表现，直觉就是美，就是艺术，艺术的创造和欣赏之间并没有本质的区别，"欣赏家也许是个小天才，而艺术家也许是个大天才"。因此，如欲欣赏艺术品，必先自成艺术家，正如他说："要了解但丁，我们就必须把自己提升到但丁的水平。"并把语言和艺术等同起来。在克罗齐那里，直觉、表现、艺术几乎是同义词。

他说："艺术是什么——我愿意立即用最简单的方式来说，艺术是幻象或直觉。艺术创造了一个意象或幻象；而喜欢艺术的人则把他的目光凝聚在艺术家所指出的那一点上，从他打开的裂口朝里看，并在他自己身上再现这个意象。当谈到艺术家时，'直觉'、'幻象'、'凝神观照'、'想象'、'幻想'、'形象刻画'、'表象'等词就

美学辞典

表现主义：是从法文“表现”一词引申出来的，它最初出现于1901年在法国巴黎举办的玛蒂斯画展上，是茹利安·奥古斯特·埃尔维一组油画的总题名。1911年德国《风暴》杂志刊载希勒尔的一篇文章，首次借用这个词来称呼柏林的先锋派作家。1914年以后方为人们普遍承认和采用。表现主义是20世纪初至30年代盛行于欧美一些国家的文学艺术流派，也是西方现代文学中的主要流派之一。第一次世界大战后在德国和奥地利流行最广。它涉及的领域广阔，包括绘画、雕塑、音乐、文学、戏剧以及电影等形式。其主要特点就是强调艺术表现中的主观性和情感宣泄，主张艺术应当预示生活，自我是宇宙的中心和真实的源泉：“现实必须由我们创造出来。”主要特征是抽象的人物，人都是象征性的，不具体的，非常类型化，只是共性的抽象和观念的象征。强调“艺术就是表现”，表现主义意味着一种叛逆、否定和反抗，具有鲜明的反传统性格。表现主义是对自然主义和印象主义的一种反驳。

像同义词一样，不断地重复出现，这些词都把心灵引向一个同样的概念或诸概念的一个同样范围，一个大体一致的指定。”

他认为：“艺术永远是抒情的——也就是说包含情感的叙事诗和戏剧……艺术的直觉总是抒情的直觉：后者是前者的同义词，而不是一贯形容词或前者的定义”。[①]

美是客观化的情感

——乔治·桑塔耶那（1863～1952年）

乔治·桑塔耶那（1863～1952年）出生在西班牙的马德里。乔治·桑塔耶那是一个奇特的名字。乔治是英语民族的名字，是他在9岁的时候，随母亲迁居波士顿而改称的名字。

受过大学教育的父亲对他产生了重要的影响，桑塔耶那认为应该从诗的角度来理解宗教对世界的解释这个观点，就是来自他的父亲。在波士顿拉丁学校学习的8年中，虽然家庭生活清贫，但是他学习刻苦。善于思考的他写道：“我有个本能的感觉，觉得生活是

①参见蒋孔阳主编：《西方美学通史》第6卷第11～76页，上海文艺出版社1999年版。

一场梦。景象随时都可以完全消失或完全改变。”

1882年，他考入哈佛大学，师从哲学家威廉·詹姆斯和乔西亚·罗伊斯，毕业后在这里执教20多年，这里成为他一生中最为熟悉的地方。他厌恶学院传统，他自己说：“假如我根本当不了教授的话，那可真是件幸事。”他不愿意做职业哲学家，更喜欢当一名漫游学者。

在50岁那年中的一天，这位大师站在哈佛大学的讲坛上，夕阳从窗斜照进来，偶有知更鸟飞来，立在窗格上，他看了一会儿，若有所失又若有所得，回过头来，把粉笔往身后一甩，向学生说：我与阳春有约！便走出教室，辞去了23年的教席，云游欧洲的巴黎和伦敦，1925年定居在罗马这个“自然和艺术最美好而人类又最少干扰”的城市，直到1952年在那里去世。去世的时候，他拒绝为他实施忏悔，成为他忠诚于完全地用自然主义来解释一切事物的象征。

他一生写了30多本著作，部分作品构成了“英语文学遗产中具有永久价值的部分”①。

桑塔耶那的美学是其自然主义哲学的延伸。他的哲学思想是自然主义和怀疑论的。自然主义哲学就是认为没有超自然的实体，一切都是按照自然实际发生的模式来认识和解释自然现象，任何自然科学所不能证明的东西都是不存在的或者是令人怀疑的。

在艺术和文学理论中，自然主义与写实主义关系密切，两者都要求真实地描绘人生，然而自然主义者坚持艺术必须采用科学的方法，也必须证明所有的行为都取决于遗传和环境。要求作家像自然科学家一样冷静、客观，不带感情色彩，不对所写的事与人进行社会与道德的评价。

桑塔耶那认为任何事物的存在都是无法证明的。人们认识中的世界，并非世界的本来面目，这是由于感觉和心灵渗入其中的缘故。基于其怀疑论的观点，他区分了本质和存在，把存在看做是外部物质世界，本质是普遍的、一种逻辑的特性。本质是心灵的对象。

“不能记起过去的人，便注定要重蹈覆辙。” ——桑塔耶那

①参见阎国忠主编：《西方著名美学家评传》下卷第126页，安徽教育出版社1991年版。

美学辞典

自然主义美学：自然主义美学的代表人物是乔治·桑塔耶那。他的自然主义美学依托于其自然主义和怀疑论哲学。自然主义要求真实描绘人生，艺术必须采用科学的方法，也必须证明所有的行为都取决于遗传和环境。作家应该像自然科学家一样冷静客观，不带感情色彩，不对所写的事与人进行社会与道德评价。

心灵不能无误地把握本质。

基于其本质论，他把世界即其所谓的自然划分为存在、本质、心灵状态三个部分。心灵状态是感觉材料加上个体的差异性而构成。心灵和本质只是在特定的状态下才具有同一性，也就是说，只有在特定的状态下才能认识本质。通过认知主体的间接经验和直接经验的方式来认识本质，通过凝神观照来直接把握本质，这实际上就是审美。但是心灵永远不能确切认识存在，只是靠本能推测到存在。

桑塔耶那的《美感》一书是他的第一本美学著作，也是美国的第一部美学著作，这本书就是基于他的自然主义和怀疑论的观点创作的。该书采用自然主义的心理学方法来解释美感经验。他的《美感》就是注重自然主义的经验观察的结果。他注重经验在美学中的作用："美之所以存在，就是因为我们观看事物与世界的人存在。它是一种经验……"

他认为："美是一种价值，也就是说，它不是对一件事实或一种关系的知觉，它是一种感情，是我们的意志力和欣赏力的一种感动。如果某种事物不能给任何人以快感，它绝不可能是美的；一个人无动于衷的美是一种自相矛盾的说法。"美"是一种积极的、固有的、客观化了的价值。或者用不大专门的话来说，美是被当做事物之属性的快乐……美是在快感的客观化中形成的。美是客观化的快感。"

"美是一种感性因素，是我们的一种快感，不过我们却把它当做事物的属性"来加以认识的。他给美的定义就是：美是一种"客观化了的快感"。桑塔耶那把美说成是一种快感，但他并不认为一切快感都是美的。有些快感较易于客观化，美感与一般快感的感受本身也不相同。如果一件事情不能给任何人以快感，它决不可能是美的，快乐的才是审美的，"一件美的东西永远是一种快感"，"没有了快感，就缺少了美的本质和原质了"。

人们的审美经验有一种普遍的要求：故事和戏剧应该"快乐收场"，环境、风景、服装、谈吐应让人联想到可喜可爱的事。"快乐在于其直接的感觉因素和感情因素，只要我们此刻还生存又认为我们的快乐在于呼吸、视听、恋爱、睡眠等最简单的事情，我们的快乐就具有与审美愉悦相同的本质、相同的因素，因为正是审美愉悦造成我们的快乐。”

桑塔耶那把美分为材料美、表现美、形式美，无论哪一种美“都是一定刺激所发射的愉快的光辉”。桑塔耶那强调审美快感并不等同于肉体的快感。生理快感是一种比较粗劣的快感，审美快感是一

▲拾穗者 法国 米勒

米勒是法国少数几个直接了解农民生活的画家，他不仅描绘农民的悲惨生活，同时也宣扬了他们生活中所具有的高贵和尊严。他的《拾穗者》有着古代雕塑的魅力，在这幅画中，米勒采用横向构图的方法，描绘了三个正弯着腰、低着头在已经收割过的麦田里拾剩落的麦穗的妇女形象。画作表现了农妇自然、朴素的美，具有自然主义倾向。

种比较优雅的快感。美感可以超脱肉体关系，是一种自由自在、赏心悦目的感觉，而一般快感则是“沉湎于肉体之中，局限于感官之内，就使我们感到一种粗鄙和自私的色调了。”有时候，两种快感可能结合成一种美。在这个意义上，桑塔耶那把自己的美学著作命名为《美感》。

在桑塔耶那的美感理论中，不仅美的来源是主观的，而且美的体现和美的判断标准也是主观的。“美的程度依赖于我们的天性，而美的本质也依赖于我们的天性”，而且“一切东西决不是一样美的，因为判断美丑的主观偏见，就是事物所以为美的原因”。

生物学观点是桑塔耶那建立自己的自然主义美学的锐利武器。桑塔耶那认为，美感主要来自视觉机能和听觉机能。人体是一部机器，审美不过就是这部机器各部件的有机协调。主体良好的审美享受有赖于人体机能的健康，人体机能的病态会削弱主体的审美观照能力，“没有健康就不可能有纯粹的快感”。在一个病魔缠身的人眼里，一切美的事物都会大打折扣。

桑塔耶那还突出强调性在审美中的作用，他认为审美的敏感来源于性机能的轻度兴奋。他说：“如果我们不探索性对于我们的审美敏感的关系，就会暴露出我们对人性的观点完全不切实际。”“如果幻想制造一个对美极其敏感的生灵，你再也想不出比性更加适合这个目的的工具了。”一个对女性缺乏热情的男人，很难想象他对审美对象能够敏感。正是在性的驱使下，人们对美怀着一种深刻的精神之爱，从而发现美。

自然本能概念构成了桑塔耶那艺术观的核心。桑塔耶那认为艺术是出自生理冲动的游戏。从艺术起源看，桑塔耶那认为艺术是一种无意识的本能的活动；“艺术的基础在于本能和经验”。艺术和本能一样是不自觉的，是自动的。艺术“从一种冲动开始”，是“有机体和它的环境的相互作用”的结果。

艺术的目的就是使人的生物性的冲动得到实现。人的艺术创造活动与动物的行为别无二致。筑巢也是一种艺术，鸟筑巢与艺术家从事创作一样，是“被所从事的艺术的例行公事推向前进”的，是无意识的、本能的。但桑塔耶那认为艺术是一种“理性的行为”。“理性的基础是一种动物的本能，理性的唯一功能是为这种动物本性服务。”桑塔耶那的艺术有广义和狭义之分，广义的艺术是指劳动或工业，狭义的艺术他称为自由的艺术或美的艺术。

从艺术功能看，桑塔耶那认为艺术直接与有用相连。这是基于其认为美是一种价值的观点。“艺术，由于在人的身体之外建立了人的生活手段，并造成了外部事物同内部价值的一致，它就确立了一个能不断产生价值的领域。”美的艺术一方面是本能的、无目的的，另一方面是有用的、有目的的。

桑塔耶那反对审美无功利说，强调审美快感的特征不是无利害观念，认为对美的功利的冷漠是审美能力丧失的表现。“所有的艺术都是有用的和有实效的。一些艺术作品大多由于其道德意义才具有显著的审美价值，其本身是艺术提供给作为整体的人性的一种满足。”桑塔耶那认为，艺术兼有“自动性”和“有用性”，艺术是意

▲干草车 英国 康斯坦布尔

这幅作品是对地道的英国农村风光的描绘，画面中的马车上装满干草，在清浅的小溪上涉水而过，富有恬淡的生活情趣，人们对自然和生活的热爱也由此激发出来。作品充分体现了自然主义艺术的风格。

▶**达那厄 奥地利 克里姆特**
少女的圆形的乳房和乳头位于特别夸张的粗壮大腿与色彩浓重的头发波浪之间，一片片圆圆的金币似的金雨点与之呼应，像瀑布一样从少女的两腿之间流泻下来，这是与宙斯交欢的暗示。少女双眼紧闭，嘴巴微张，在尽情享受这销魂荡魄的时刻。画作对少女欲望神情的描绘具有高度审美价值，具有一种奇妙的美感。

识到目的的创造本能，“美的艺术”就是这两种特征的完全复合。

桑塔耶那认为，有用是美的前提，无用是丑的预兆，欲望的满足本身就有一种美感的色彩：“欣赏一幅画固然不同于购买它的欲望，但是欣赏总是或者应该是与购买欲有密切关系的，而且应该说是它的预备行为。”实用价值能够助长事物的美。当我们“知道这件东西是无用的和虚构的，浪费和欺骗的不安之感萦绕于心中，就妨碍任何的欣赏，结果把美也赶走了”。“想到明明白白不合用，这一念之间就足以破坏我们对任何形式的喜爱，不论它在本质上是多么的美；但是感到它的合用，这一念又足以使我们安于最笨拙最粗劣的设计了。”

纯审美是一种浪费。如果“我们醉心于没有标准，没有目的的形形色色的欣赏，把一切恼人的幽灵都称之为美，我们就变得不能辨别美的精妙不能觉察美的价值了。”①一个事物当它有实用性时，就有了半审美性，而当它合乎我们的习惯、符合我们的经验与本能时，就有了完全的审美性。如果没有功用即合目的性，就去掉了半个审美性；如果没有本能即没有无目的性，就又去掉了另一半的审美性。

①引文参见桑塔耶那著：《美感》，中国社会科学出版社1982年版；蒋孔阳主编：《西方美学通史》第6卷第二章，上海文艺出版社1999年版。

盛行于20世纪30年代的形式主义美学

现代人本主义与科学主义的冲突对立是20世纪西方哲学发展的主导倾向。

20世纪西方美学流派众多，异说纷呈。由于美学之父鲍桑葵明确把科学和哲学区别开来，认为美学就是对于艺术的哲学思考，必须关心“美在人类生活的体系中究竟占有什么地位和具有什么价值”。[①]所以，在美学内部也可以这样来区分：“本世纪欧美美学的全部发展，同哲学相似，可以概括为人本主义美学与科学主义美学两大思潮的流变更迭。”[②]

形式主义美学是贯穿整个西方美学发展史的一种理论倾向。就主导倾向而论，西方美学始终是重形式的。

英国形式主义美学、俄国形式主义美学是形式主义美学在20世纪初的代表。贝尔的“有意味的形式”还徘徊于形而上学和经验论之间，他的美学具有折衷的性质。弗莱则自觉地以经验主义为思想基础，从具体的审美经验和审美情感出发研究艺术。俄国形式主义美学研究的重心则是文学的内部规律，主张以科学的方法研究文学的“内在问题”。因此，俄国形式主义美学实际上是一种文艺理论。[③]

20世纪形式主义多侧重操作性、技术性的精雕细琢，而对于形而上学的理性思辨缺乏应有的兴趣，所以并非每种形式学说都有一个能够统辖自己理论总体的哲学纲领。

---

①鲍桑葵著：《美学三讲》第51页，上海译文出版社1983年版。

②朱立元编：《现代西方美学史》第3页，上海文艺出版社1993年版。

③黄赞梅著：《现代西方美学的倾向》，载《南昌大学学报》（人社版）。

“形式”概念本身是一个哲学概念，从毕达哥拉斯学派的“数理形式”到柏拉图的“理式”，再到亚里士多德的“质料与形式”，以及康德的“先验形式”和黑格尔的“内容与形式”等，无不派生于他们的哲学体系，建基在坚实的哲学根石之上。

20世纪的形式主义也不能摆脱哲学的纠缠，但是，整个20世纪的哲学本身就回避理性的追问，试图以经验的感悟和实证代替“形而上”的思辨。“当代西方美学从总的倾向上来看，仍然沿袭着费希纳所提出的美学要舍弃传统的‘自上而下’的思辨方法，而采取‘自下而上’的经验主义方法。”①

▲农园 西班牙 米罗

这件作品以数学式的精确来精雕细琢所有的细部，安排成一种幻想式的作品，并且最后达到了一种令人惊叹的艺术效果。画家将现实中的农场一丝不苟地摄入自己的画面中：蓝天之下，肥沃的土地上布满了成片的玉米，近处还有白色墙壁的农舍和鸡舍，一些农具随处摆放。画面右下角，小小的蜗牛和蜥蜴也活泼生动，清晰可见。在对画中树木的选择上，画家精心地描绘了他喜欢的桉树皮。画中农场的远处有一位正在洗衣服的农妇和一匹准备担水的马。这些植物、动物、道具等等，在画家的笔下得到了令人叹为观止的和谐分配，被描绘得精心细致，它们共同组织成了一个充满亲密、幻想气氛的画面。形式主义美学的艺术理念在这件作品中得到了准确阐释。

“形式美学”就是对形式的美学研究，或者说是从美学的角度研究文学艺术的形式问题。“形式美学”不仅不回避操作性和技术性的“形而下”问题，而且将“形而下”作为最直接的对象，但它并不拘泥于和局限在“形而下”的层面，而是将古典美学的思辨传统与现代美学的实证方法融为一体，重在从哲学的层面全方位地考察形式的美学意蕴。

形式主义美学（Formalisticesthetics）是一种强调美在线条、形体、色彩、声音、文字等组合关系中或艺术作品结构中的美学观。与美学中强调美在于摹仿或逼真再现自然物体之形态的自然主义相对立。

①朱狄著：《当代西方美学》第3～4页，人民出版社1984年版。

形式主义美学有着深远的历史渊源。古希腊毕达哥拉斯学派就曾试图从几何关系中寻找美。18世纪英国艺术理论家W.荷迦斯（1697～1764年）在其《美的分析》中提出美是由形式的变化和数量的多少等因素相互制约产生的。

德国艺术史家J.J.温克尔曼（1717～1768年）声称，真正的美都是几何学的，不管古典艺术还是浪漫艺术，都是如此。康德则明确指出："在所有美的艺术中，最本质的东西无疑是形式。"在《审美判断力批判》中，康德说："美是一对象的合目的性的形式，在它不具有一个目的的表面在对象身上被知觉时。"在康德那里无形式的崇高美在这里也是一种特殊的形式，建筑、雕刻、音乐、美术等的美就更在于形式。只有形式是超功利目的的，只有唤起纯粹审美感情的形式才具有审美价值。康德极力强调形式美使以后的一大批美学家认识到，过分强调摹仿和再现，只能把人们的注意力引向艺术品再现的事物，而不是艺术品本身，这样一来，艺术品就会失

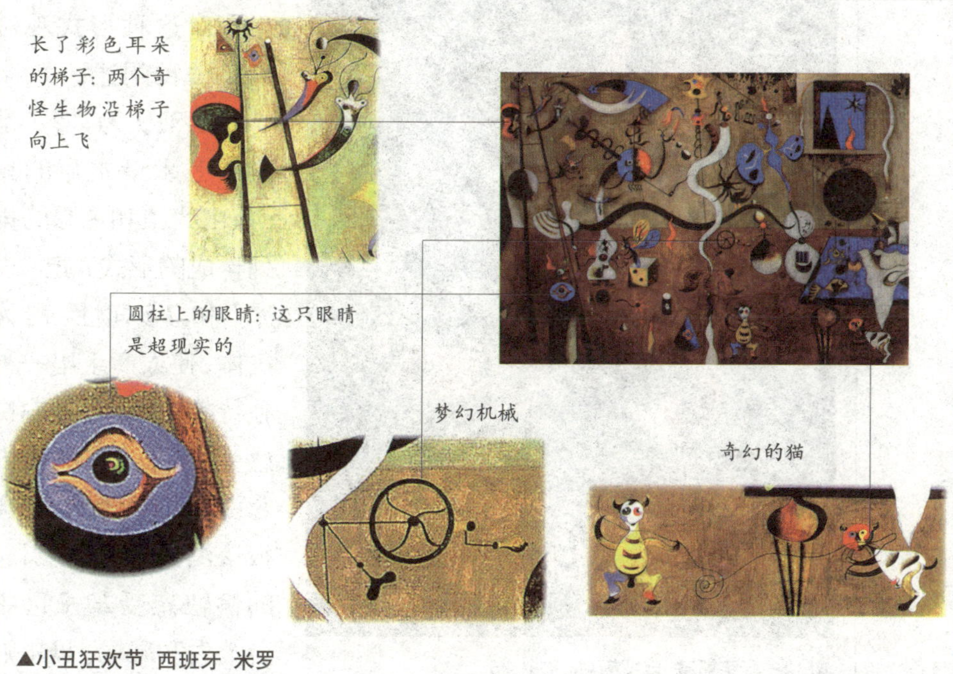

▲小丑狂欢节 西班牙 米罗

画面中描绘的是在一个房间里，正在举行狂热的集会。集会上的主人公长着优雅的长胡子，正叼着长杆的烟斗，忧伤地凝视着周围的人。他的周围是各种各样的野兽、有机物，全都十分快活。整幅画没有什么特别的象征形象，但画面宛如一个掉了底的玩具箱，一切事物都分解、气化、上升以至于在天空弥漫，一切都失去了重量。据说米罗在这幅画中描写的是因为贫穷、饥饿而产生的幻觉，因此可说这是一幅实实在在的"梦幻绘画"。

去本身的价值。

康德之后，形式主义美学的主要代表是德国美学家J.F.赫尔巴特（1776～1841年）及其门徒奥地利哲学家R.齐默尔曼（1824～1898年）。赫尔巴特主张，美只能从形式来检验，而形式则产生于作品各组成要素的关联中。齐默尔曼的美学一度被人们称为“形式科学”，他指出，只要从较远距离观看一个物体，就能很容易地发现其“形式”，而这一形式正是产生审美愉快的源泉。赫尔巴特的另一追随者奥地利音乐理论家E.汉斯利克（1825～1904年）则提出“音乐就是声响运动的形式”。这一见解曾轰动一时，从而把这种形式主义思潮推向极端。

20世纪以来，英国艺术批评家R.E.弗莱（1886～1934年）和C.贝尔（1881～1964年）对这种形式观做了另一种阐述。

▲白线 康定斯基 俄罗斯（抽象主义）

这幅作品是康定斯基的抽象主义风格绘画的代表作。在此画中，并没有出现特定的主题和视觉的联想。作品显示了一种猛烈冲突的动势和紧张，这是色彩和形状互相冲突的紧张，就好像一种星际大战似的线条冲突的紧张。而形式主义艺术的后期便发展至抽象主义，二者关系密切。

弗莱认为，形式是绘画艺术最本质的东西，由线条和色彩的排列构成的形式，把“秩序”和“多样性”融为一体，使人产生出一种独特的愉快。这种愉快感受不同于再现性内容引起的感情，后者会很快消失，而形式引起的愉快感受却永远不会消失和减弱。贝尔则指出，再现性内容不仅无助于美的形式，而且会损害它。由线条、色彩或体块等要素组成的关系，自有一种独特的意味，是一种“有意味的形式”，只有它才能产生出审美感情。

“有意味的形式”是艺术的一个不以时代的变化而改变的永恒美的特征，可以为不同时期、不同文化的观赏者所识别和喜爱。欣赏艺术无需求助于现实生活内容和日常生活感情，艺术不是激发寻常感情的工具，它把人们从现实世界带向神秘的世界，使人进入一种陶醉状态，这才是真正的审美感情。

贝尔的“形式主义”可归结为“艺术是有意味的形式”。形式，贝尔认为“就视觉艺术而言，形式就是指由线条和色彩以某种特定方式排列组合起来的关系或形式。是排除现实生活内容的纯粹形式关系。”“一种艺术品的根本性质是有意味的形式”。

“有意味的形式，就是一切视觉艺术的共同性质”。意味就是在“纯形式背后表现或隐藏的艺术家独特的审美情感”。因此，“有意味的形式”某种意义上说就是带有审美情感的形式。他所说的“意味”不是寻常的意味，而是“哲学家以前称作‘物自体’，而现在称为‘终极现实’的东西”。因而，他所说的“有意味的形式”也不是具体的形象，只是抽象的形式：“艺术家能够用线条、色彩的各种组合来表达自己对这一‘现实’的感受，而这种现实恰恰是通过线、色揭示出来的”。举例来说，就是不“把风景看做田野和农舍”，而“设法把风景看成各种各样交织在一起的线条、色彩的纯形式的组合”。所以，欣赏艺术品“无需带着生活中的东西”，“也无需有关的生活观念和事物知识”，“只需带有形式感、色彩感和三度空间感的知识”就够了。

贝尔所说的“审美感情”不是“生活感情”，而是“对终极实在的感情”：“那凝视着艺术品的鉴赏家都正处身于艺术本身具有的强烈特殊意义的世界里。这个意义与生活毫不相干。这个世界里没

美学辞典

形式主义美学：这是贯穿整个西方美学发展史的一种美学倾向，主张对形式的美学研究，或者说从美学角度研究美学艺术的形式问题。形式主义美学不仅不回避操作性和技术性的“形而下”问题，而且将形而下作为最直接的对象，但它并不局限于“形而下”层面，而是将古典美学的思辨传统与现代美学的实证方法融为一体，重在从哲学层面全方位地考察形式的美学意蕴。

▶**红黄蓝与黑的构图 西班牙 蒙德里安（抽象主义）**

《红黄蓝与黑的构图》是蒙德里安的纯几何形体的抽象画作品。这幅画在平面上把横、竖线结合，构成直角或长方形，并在几何图形中巧妙地安排三原色，加以灰色和黑色，用最基本最抽象的几何图形表达纯粹的精神。

有生活感情的位置。它是个充满它自身感情的世界。”①

“审美情感”是“形式主义”的一个重要范畴，它是相应于纯粹形式的情感，具有超功利性，独立自主性与对象的纯形式性。只有将对象视为纯粹的形式，即以其自身为目的时，他才能感受到审美情感。

现代美学流派与贝尔的“有意味的形式”理论，对以后的西方艺术的发展产生了深远的影响。

精神分析美学

——弗洛伊德（1856～1939年）

▶**弗洛伊德像**

弗洛伊德在历史上是一个颇有争议的人物。赞扬他的人将他的无意识说与哥白尼的日心说、达尔文的进化论并称为西方文艺复兴以来的三次科学革命，视他为与马克思、爱因斯坦相媲美的三个犹太人之一。贬损他的人，将他斥之为人类文明的破坏者，是冲进人类文明花园的“一头野猪”，性泛滥的鼓动者，认为他的精神分析学完全忽视了人

①参见成复旺著：《关于形式美学的思考》，载《浙江学刊》2000年第4期。

性中高级的和道德的方面。

弗洛伊德（1856～1939年），奥地利精神分析学家，精神分析学的创始人。

他1856年5月6日生于弗赖贝格（现捷克斯洛伐克的摩拉维亚）的一个犹太商人家庭，4岁时举家迁居维也纳。他在中学时代就显示出非凡的智力，成绩一直名列前茅，17岁考入维也纳大学医学院，他于1881年获维也纳大学医学博士学位，从1902年起任维也纳大学教授。1876年～1882年在著名生理学家E.布鲁克（1819～1892年）主持的维也纳生理研究所中工作，1886年与马莎·伯莱斯结婚，育有三男三女。

1938年因遭纳粹迫害迁居伦敦，于1939年12月23日因口腔癌在英国伦敦附近的开普敦逝世。但是弗洛伊德的影响并没有因为他的逝世而消失。

弗洛伊德被称作是“人类伟大的人物和领路人之一”，“他忠于自己的基本信念而辛勤工作50年，同时他对自己的观念体系不惮修改，使它趋于成熟，为人类的知识做出贡献。”“他是一个思想领域的开拓者，思考着用一种新的方法去了解人性。”

弗洛伊德创建和发展精神分析学说的过程可以分作两个阶段。在前一阶段，弗洛伊德主要研究心理治疗方法并提出心理过程的一般理论。

冰山理论

精神分析美学的理论基础是弗洛伊德的无意识理论。弗洛伊德

美学辞典

恋母情结（俄狄浦斯情结）：恋母情结是指儿子亲母反父的复合情结。源于希腊神话中的人物俄狄浦斯无意中杀父娶母的神话故事。根据神的预示，俄狄浦斯命中注定要犯杀父娶母的大罪。后来神的预言实现了，在得知自己杀死父亲并娶了亲生母亲后，俄狄浦斯弄瞎了自己的双眼，离开底比斯流浪去了。在弗洛伊德1913年的《图腾与禁忌》一书中，他提出，男孩早期的性追求对象是其母亲，他总想占据父亲的位置，与自己的父亲争夺母亲的爱情，也就是恋母情结。弗洛伊德认为恋母情结是个人人格发展的一个重要因素，并用来解释文化与社会的起源。弗洛伊德在《爱情心理学》中说：“儿子喜欢母亲，而女儿亲近父亲。”“我们常看到，年轻男人的初恋是对一个成熟妇人的款款深情；女孩也常易爱上一个有权有势的老人家。”

认为，“精神分析的目的及成就，仅在于发现心灵内的无意识”，并称“对于无意识心理过程的承认，乃是对人类和科学别开生面的新观点的一个决定性的步骤”。

弗洛伊德为人类描绘了一幅立体的心理结构图。早期的弗洛伊德认为，心理结构中包括着三个层次不同的系统：无意识系统，下意识系统（或称前意识系统），意识系统。

无意识系统是人的生物本能和欲望的储藏库。这些本能、欲望具有强烈的心理能量的负荷，服从于愉快原则，并力图渗透到意识系统中而得到满足。无意识系统是一个比意识层更为广袤、复杂、隐秘和富于活力的潜意识层面，如果说人的心理像一座在大海上漂浮的冰山的话，那么意识只是这冰山浮在海面上的可见的小部分，而潜意识则是藏在水下的更巨大的部分。“心理过程主要是无意识的，至于意识的心理过程仅仅是整个心灵的分离的部分和动作。”无意识像一双看不见的手操纵和支配着人的思想和行为。

下意识系统是由可回忆的经验构成的，是意识系统和无意识系统之间的一个部分，其主要机能是在意识系统和无意识系统之间从事警戒。在其中储藏着由社会的、伦理的和宗教的准则，规范和价值观念构成的良心和个人理想。它们是下意识系统中“检查者”的核心，其功能是不允许充满着心理能量的本能、欲望渗透到意识中去。

意识系统面向外部世界，完成着感觉器官的作用，服从于现实原则。其主要机能在于把来源于意识系统中的先天的兽性本能、欲望排除掉。因此，意识系统和无意识系统始终都处于对抗、冲突的紧张状态中。

弗洛伊德还从“动力论”的角度把人的整个机体看做是一个能量系统。认为存在着在心理过程中起作用的心理能。他把心理能看做本能的能，并认为心理能是同性本能不可分割地联系着的能。他把这种心理能叫做“力比多”（Libido，来自拉丁文，英语的意思

“我们可以说，幸福的人从不幻想，只有感到不满意的人才幻想。”

——弗洛伊德

▲在弗洛伊德看来，即使是幼儿也有性欲，母亲则是他第一个恋爱的对象，也是他第一个发泄爱欲的对象。

是Idesire)。“性力”（或“力比多”、“原欲”）是弗洛伊德本能学说的核心概念，强调“力比多”给人的全部活动、本能、欲望提供动机的力量。“性”的含义不是仅指性器、狭义性生活即生殖联系的性，而是泛指生理快感和与之相联的心理快感，包括许多追求快乐的行为和情感活动。

弗洛伊德自己对“性”观念扩展的解释为：“我对性观念的发展是两方面的：第一，它使性与性器的关系不再那么密切了，我认为性是一种更为广泛的肉体功能，首先以快感为目标，其次才为生殖服务；第二，我把性冲动看成是包括所有纯粹的感情与友爱的冲动，即通常用含义极为模糊的词语‘爱’所指的那些冲动。”[①]弗洛伊德还明确指出：“精神分析学在对‘性欲’这一词的意义扩展之后，它同神圣非凡的柏拉图所说的‘爱欲’在意义上是多么接近。”[②]

荣格更是直接地解释：“力比多，较粗略地说，就是生命力，类似于柏格森的活力。”弗洛伊德也曾说过：“我们可以丢掉‘力比多’这个术语，也可以把它用作一般意义上的精神能量的同义语。”由于弗洛伊德用“力比多”解释人的全部活动的动机，因而其理论便

①弗洛伊德著，顾闻译：《自传》，上海人民出版社1987年版。
②弗洛伊德著，滕守尧译：《性爱与文明》，安徽文艺出版社1987年版。

获得泛性论的名称。但是，他也清楚地知道："坚持性欲乃是人类取得一切成就的源泉，以及性欲观念的扩展——从一开始便是精神分析学遭到反对的最激烈因素。人们常常批评精神分析学的'泛性主义'，甚至无聊地攻击它以性来解释一切。"①

▲施温德的《囚犯之梦》刻画了在狱中的囚犯因不能出狱而只能通过幻想来满足自己的情景，弗洛伊德视之为"欲望实现"。

压抑和升华

弗洛伊德在1913年以后把精神分析理论广泛应用到人类社会生活和文化历史发展的各个领域，从而获得了弗洛伊德主义的称号，对哲学、心理学、美学甚至社会学、文学等都有深刻的影响。

弗洛伊德认为整个人类的历史是由"爱罗斯"（代表生的本能和欲望）和"腾纳托"（代表死亡的本能和欲望）之间的斗争所决定的一种特殊的有节奏的戏剧。在他看来，革命和起义是侵略本能的具体表现，战争的不可避免性是由人的侵略、破坏的本能，即死亡的本能决定的，在艺术、科学和其他文化领域中，有的人之所以有贡献，是由于他们的被排除的先天本能、主要是性本能所具有的心理能量升华的结果。此外，他还提出了"俄狄浦斯情结"概念，试图以此解释宗教、社会、道德和艺术的起源问题。

在20世纪20年代，弗洛伊德由于解释社会现象的需要而提出了新的心理结构理论。弗洛伊德从心理学的角度提出"三部人格结构"说，把人格或人的精神主要分成三个基本部分，即本我、自我和超我。

"本我"处于无意识的最深层，它主要是由性冲动（性力）组成。本我是生物的本能。本我内部贮存着强烈的要求得到发泄的心理能量，仿佛是一口"沸腾的大锅"，其中被压抑的本能、欲望力

①弗洛伊德著，滕守尧译：《性爱与文明》，安徽文艺出版社1987年版。

图根据愉快原则而通过“自我”得到满足。性冲动不受逻辑、理性、社会习俗等因素的约束，仅受自然律的支配。本我遵循的是一种愉快原则。

“自我”是一个意识系统再现由外部世界积累起来的经验。它是本我和外部世界之间的居中者，并根据现实原则调节着本我和外部世界之间的冲突，以一种“现实原则”对性冲动加以适当的抑制。“从本能控制的观点来说，可以说本我是完全非道德的；自我是力求道德的；超我是能成为道德的，然后变得很残酷——如本我才能有的那种残酷。”

“超我”是性冲动被压抑之后，经过一番转化或变形，通过“自我”检查，向道德、宗教和审美等理想形态的“升华”，是一种代表着道德良心和理想的意识。它是禁忌、道德、伦理规范以及宗教戒律等的体现者。

弗洛伊德坚持“性欲乃是人类取得的一切成就的源泉”。“一般而言，我们的文明可以说是建基在本能的压抑上面的。每个人都要

▲梦幻　法国　卢梭

画中野生的茂盛丛林中，虎视眈眈的狮子，漂亮的禽鸟，可怕的美国野牛，惨淡的月亮和黑皮肤的长笛手都被表现得栩栩如生。一具畸形却很性感的裸体，在一张华丽的维多利亚式沙发上歇息。卢梭要表现的是那位少女躺在床上梦见自己在丛林中心旷神怡，这个梦是那么虚无，然而却又使人神魂颠倒，充满原始、神秘的魅力。从这件作品中我们可以看到弗洛伊德理论的影子。

牺牲一部分他人格中的好胜心，领袖欲，侵略性，以及仇恨的倾向。”他说：“心灵就是相反冲动决斗竞争的场所，或者用非动力论的名词来表达，是由相反的倾向组织而成的。”①

“升华”一词原为物理学和化学术语，弗洛伊德借用“升华”这一术语，指人将原有的本能冲动、欲望（“性力”）转向崇高的目标或方向和对象的过程。他说：“目标及对象的改变有一种更富有社会意义的价值，我们可以称之为‘升华’。”②升华作用是一种转移。一方面，它将本能欲望转入另一有用的新途径，原先用以满足本能的活动为更高尚的精神活动所取代。另一方面，由于它是将本能欲望向合乎文明发展和社会规范的方向转化，也避免了与社会道德、法律、习俗相冲突或违背。弗洛伊德说：“本能的升华是最引人注目的文化发展特征；正是由于升华，高级的心智活动、科学活动、艺术活动或思想活动才成为可能。”

弗洛伊德用这种理论对美感的根源做出解释。弗洛伊德批评说，以往的美学都有一个很大的缺陷，那就是它只研究事物之所以成为美的条件，而不能对美的本源做出解释。弗洛伊德说：“一切美与完善的价值都要依其对我们的感性生活的意义来确定。”感性生活主要指性力的本能。“精神分析学对美几乎也说不出什么话来，看来，所有这些确实是性感领域的衍生物。对美的爱，好像是被抑制的冲动的最完美的例证。‘美’和‘魅力’是性对象的最原始的特征。”

▼1885年弗洛伊德和玛莎在一起。

从这一基本理论出发，弗洛伊德和他的信徒对艺术创造和美感进行了解释。他艺术创作理论的核心就是性力升华说。

如果人们的欲望在真实生活中受了压抑，那么，他就会在幻想中去创造“一个属于他自己的世界，或者说，他用一种新的方法重新安排他那个世界的事物，来使自己得到满足”。“幻念也有可以返回现实的一条路，那便是——艺术，艺术家也有一种反求于内的倾向，和神经病人相

①②弗洛伊德著，高觉敷译：《精神分析引论》第56页，商务印书馆1984年版。

距不远。他也为太强烈的本能需要所迫使；他渴望荣誉、权势、财富、名誉和妇人的爱；但他缺乏求得这些满足的手段。因此，他和有欲望而不能满足的任何人一样，脱离现实，转移他所有的一切兴趣和力比多，构成幻念生活中的欲望。”“艺术作为逃避痛苦的方法用来为生活制造一种幸福的幻觉。”

▲战争的预言 达利

由于受弗洛伊德的影响，达利这位超现实主义画家在20世纪30年代开始创作他称为"手工着色的潜意识照片"的作品。

弗洛伊德说："对梦与幻想的关系我不能置之不理。我们在夜间所做的梦，不是别的，正是幻想。"弗洛伊德认为"梦是一种在现实中实现不了和受压抑的愿望的满足"。"夜间梦同白昼梦完全一样，是欲望的满足。"梦、白日梦、艺术想象便是性力转移的结果。

他认为这些实现不了和受压抑的愿望多半是和性有关的。梦是一种潜意识的活动，在潜意识的活动中的主要内容——被压抑的愿望并非是直接表达于梦中，而是通过扭曲变为象征的形式出现，故梦都是象征的。艺术想象是艺术家未能在现实中实现的性欲的替代性满足。弗洛伊德认为："梦的元素与对梦的解释之间的固定关系称为一种'象征'的关系，而梦的元素本身就是梦的隐意的'象征'。如男性的生殖器官的象征可以由手杖、树木、雨伞、刀、笔、飞机以及其他一些可以代表其物理外型和功能的物体来完成，而洞穴、瓶子、帽子、门户、珠宝箱、花园、花等物品则代表了女性生殖器官。跳舞、骑马、爬山、飞行等则代表了性行为，剃头、砍头或者掉牙则是阉割的象征。”

有些弗洛伊德的追随者甚至断言，所谓艺术，就是性的符号，之所以在各处的儿童艺术和原始艺术中都能见到圆形的式样，那是因为圆形总使他们回忆起母亲的乳房。德国著名哲学家弗罗姆曾经说，弗洛伊德对梦的分析，是“现代科学对梦的分析的最原创性，最著名与最重要的贡献”。

他创造了俄狄浦斯情结这个精神分析学术语。“很难说是由于巧合，文学史上的三部杰作——索福克勒斯的《俄狄浦斯王》、莎士比亚的《哈姆雷特》和陀斯妥耶夫斯基的《卡拉马佐夫兄弟》都表现了同一主题——弑父。而且，在这三部作品中，弑父的动机都是为了争夺女人，这一点也十分清楚。”

在弗洛伊德看来，索福克勒斯的《俄狄浦斯王》这部悲剧的效果“并不在于命运与人类意志的冲突，而在于表现这一冲突的性质”，即普遍存在的仇父恋母情结。俄狄浦斯杀父娶母，实际上是他“童年时代愿望的实现”。

莎士比亚的《哈姆雷特》也是出于“同一根源”，只是得到不同的处理。“只有分析地追溯悲剧素材的俄狄浦斯，即恋母的主题思想时，《哈姆雷特》的感染力之谜才能最终揭开。”原因就在于观众在欣赏这部作品时也和剧中的主人公一样，激起并实现了自己童年时的“最初愿望”。弗洛伊德认为，这种愿望能够“唤起并满足他人相同的无意识的愿望冲动。”

◀弗洛伊德诊所实景图

弗洛伊德还考察了达·芬奇的身世及绘画作品，认为达·芬奇要创作一幅表现“在母亲和外祖母照顾下的童年生活的画。”认为《蒙娜丽莎》的“独特的微笑”，实际表现的是达·芬奇对自己生母的儿时记忆。达·芬奇在描绘各种圣母像时所激发的热情，也就是他对早年离别的母亲的思念情绪的升华。

精神分析美学的兴起，把科学家和艺术家们的兴趣从外部世界引向人的内心世界，对人的内在心理结构进行探索，从而使艺术的形式和内容发生了大幅度的变化。

现象学美学

——胡塞尔（1859～1938年）

现象学美学是用现象学的方法解释美学问题以及为美学建立现象学基础的一种美学思潮。

▲胡塞尔像

现象学是20世纪西方的一种哲学思潮。创始人为德国哲学家胡塞尔（1859～1938年）。胡塞尔是犹太族后裔的德国哲学家，先后在德国哈雷、哥丁根和弗莱堡大学任教，1938年病逝于弗莱堡。

胡塞尔对于现代西方哲学最重要的理论贡献，表现为他对有别于传统认知性经验的一种意向性经验的揭示。意识是"'对某物的意识'显然是充分自明的东西，同时又是极其难以理解的"。先验自我是意识和意向结构的最深核心。朝向对象是意识最普遍的本质。

现象学，不论作为意识的哲学理论，还是作为对人类意识提供描述的特殊形式，简单说就是意向性的理论。意向性"表现了意识的基本性质；全部现象学的问题……分别地来源于此"。"意向性是一般体验领域的一个本质特性……是在严格意义上说明意识特性的东西……把意向性作为无处不在的包括全部现象学结构的名称来探讨。"①

现象学的口号是"回到事物本身"。意思是要人们通过直接的认识去把握事物的本质。海德格尔说："现象学这个词本来意味着

①胡塞尔著，李幼蒸译：《纯粹现象学通论》第222页，商务印书馆1992年版。

一个方法概念。它不描述哲学研究对象所包纳事情的‘什么’，而描述对象的‘如何’。”

胡塞尔认为：“现象学：它标志着一门科学，一种诸学科之间的联系；但现象学同时并且首先标志着一种方法和思维态度：典型哲学的思维态度和典型哲学的方法。”①

在胡塞尔看来，现象学哲学与美学有着天然的内在联系与相近性。“艺术家对待世界的态度与现象学家对待世界的态度是相似的。正如哲学家（在理性批判中）所做的那样，世界的存在对他来说无关紧要。艺术家与哲学家不同的地方只是在于：前者的目的不是为了论证和在概念中把握这个世界现象的‘意义’，而是在于直觉地占有这个现象，以便从中为美学的创造性刻画收集丰富的形象和材料。”②

现象学美学强调对艺术作品的本质结构的感知和把握。现象学哲学与美学都采用直观法。胡塞尔写道：“现象学的直观与纯粹的艺术中的美学直观是相近的；当然这种直观不是为了美学的享受，而是为了进一步的研究，进一步的认识，为了科学地确立一个新的哲学领域。”③“美学家感兴趣的不是个别艺术作品，不是波提切利的花布，不是莎士比亚的十四行诗，也不是海顿的交响乐，而是十四行诗本身的本质，交响乐本身的本质，各种各样素描画本身的本质，舞蹈本身的本质，等等。他感兴趣的是那些一般的结构，而不是特定的审美客体。”④

现象学美学与现象学哲学一样，旨在打破主客观对立，强调交流和融合。这种交流和融合是在纯粹意识领域中意识活动与对象之间的意向指向与意向性给予的交流。现象学美学的意向性理论，避免了主体对客体的单向性的意指，主体与客体不再对立，而是一种双向的交流。意向对象是在意识活动中直接被给予的，而此时的意识活动不能独立存在，它总是对某对象的

美学辞典

现象学：西方现代美学派别之一，产生于20世纪初，胡塞尔为创立者。主张通过现象的分析来揭示认识（思维）的本质和结构，并确定认识的具休联系，采用直观法研究美学问题。现象学强调主体与客体的互动，认为主体与客体可以融合。现象学对存在主义美学也产生了重要的影响。

①胡塞尔著，倪梁康译：《现象学的观念》第24页，上海译文出版社1986年版。

②③倪梁康选编：《胡塞尔选集》下卷第1203～1204页，上海三联书店1997年版。

④M.盖格尔著：《艺术的意味》第59页，华夏出版社1999年版。

意识。意义在意向的活动中被直接给予。在现象学的本质直观中，纯粹的意向性活动一方面使对象的构造结构显示出来，同时主体的意向性活动结构也显示出来。意向性结构和对象结构是在本质直观中同时呈现出来。

▲骑士，死亡和魔鬼 德国 丢勒

在1913年出版的《纯粹现象学通论》中，胡塞尔以丢勒的铜版画“骑士，死亡和魔鬼”为例，运用现象学方法对艺术中知觉与想象的关系等问题作了深入的探讨，对20世纪美学与艺术的发展产生了深远的影响。

在胡塞尔看来，艺术的世界是一个价值世界，这一世界有着与物理世界和实践世界以及善的世界迥然相异的特征。“我们终归有一种存在着的美的东西，一种单纯的想象物，一种‘图像’，它恰恰是一个理想的对象，而不是一个实在的对象。”审美对象的情致与意韵不是线条与色彩本身，而是在此基础上形成的图像客体所传达的精神性的东西，这一精神性的东西就是审美对象的审美价值：“对我存在的世界不只是纯事物世界，而且也以同样的直接性作为价值世界、善的世界和实践的世界。”提香的画之所以是一幅画而不是简单的物理图形，就是因为画面传达着、流动着提香本人对生活的理解、对生命的感悟，富有鲜活的精神气息与旺盛的生命力。由此可知，物理图像只是对“事实世界”的客观再现，艺术图像则是对“价值世界”的审美表征。梵·高画的椅子并不向我叙述椅子的故事，而是把梵·高的世界交付予我。①

①米盖尔·杜夫海纳著：《美学与哲学》第26页，中国社会科学出版社1985年版。

符号论美学

——恩斯特·卡西尔(1874～1945年)　苏珊·朗格(1895～1985年)

人是哲学永恒的主题。卡西尔说："认识自我是哲学探究的最高目标——这看来是众所公认的。在各种不同哲学流派之间的一切争论中，这个目标始终未被改变和动摇过，这已被证明是阿基米德点，是一切思潮的牢固不可动摇的中心。"

恩斯特·卡西尔（1874～1945年），是一位新康德主义的德国哲学家。他提出"人是符号的动物"。

卡西尔认为真正把人与动物相区别的是人的符号功能和人的符号活动。人的特点就在于能以符号来解释、把握世界。因此，"我们应当把人定义为符号的动物，而不是理性的动物"。

他指出："人类知识按其本性而言就是符号化的知识，正是这种特性把人类知识的力量及其界限同时表现了出来。"文化世界作为人类活动的产品也就有了符号性，而产品的符号性根源于人的活动的符号性。

"人不再仅仅生活在一个物理宇宙中，而是生活在一个符号世界里。语言、神话、艺术和宗教构成了这个符号世界的各个方面。它们是织成这个符号之网的不同织线。这是人类经验交织之网，人在思想和经验中取得的所有进步都使这个符号之网更为完善和牢固。人实际上已不再能像过去那样直接面对实在。随着人的符号活动能力的进展，物理实在也就相应的减少。从某种意义上讲，人并

"举凡人类所创造的或出自人类双手的事物，都仿佛是难以理喻的神迹一般在困扰着人类。当人类注视着他自己的作品时，他甚至无法相信他自己就是这些作品的创造者。"

——卡西尔

不是在对付事物本身而是在不断地与自己打交道。他是如此的使自己被包围在语言形式、艺术想象、神话符号的宗教仪式之中，以致除非凭借这些人为媒介物作中介，他就不能看见或认识任何东西。”

卡西尔认为：人的活动实际上就是一种符号化活动。“符号化的思维和符号化的行为是人类生活中最富于代表性的特征，并且人类文化教育的全部发展都依赖于这些条件。”“人不再生活在一个单纯的物理宇宙之中，而是生活在一个符号宇宙之中。”

“信号是物理的存在世界之一部分；符号则是人类的意义世界之一部分。”“一个符号并不是作为物理世界一部分的那种现实存在，而是具有一个‘意义’。”他说：“人被证明不仅仅是外在世界的被动的接受者，他是积极的和富于创造性的，但他所创造的并不是一个实体性的东西，而是一种关于经验世界的陈述”。

▲蔚蓝的金色 米罗 西班牙
该作品堪称符号美学中的代表作。

符号美学的基本思想是认为艺术是人类情感的符号创造。符号美学的形成是对现代人审美和艺术实践的一种理论上的回答，也是对此前美学思想的继承和超越。对符号论美学产生最为重要的影响的是浪漫主义美学传统和形式主义美学思想。亨德尔在总结卡西尔的思想时说：“艺术可以被界定为符号的语言。”艺术家“试图透视各种符号术语的感性外观”。

人类的本质在于文化符号的创造，人类的艺术在本质上也属于一种文化符号的创造，卡西尔将这种创造称之为“构型”。人类艺术的本质就是“构型”。

卡西尔批评西方传统的艺术理论，即艺术既不是主观感情的复现，更不是对客观实在的摹仿。“像所有其他的符号形式一样，艺术并不是对一个现成的给与的实在的单纯复写，它不是对实在的摹仿，而是对实在的发现。”“艺术确实是表现的，但是如果没有构型，它就不可能表现。而这种构型过程是在某种感性媒介物中进行的。”

“艺术是一种形式的创造，是一种特殊形式的创造，即符号化

▲夜之深意 比利时 马格里特

马格里特是比利时超现实主义画家，他将真实的空间与幻想空间以非常的想象力加以实现，具有符号化的特征。

了的人类情感形式的创造。”是艺术家关于外在世界的经验陈述。“符号转化不是一个巨大的传送器，穿过其间的经验电流都要发生一种质的变化。”①

卡西尔在谈到音乐艺术的“构型”时说：“把莫扎特的音乐说成是欢乐的或宁静的，把贝多芬的音乐说成是庄重的、低沉的或崇高的，那只是暴露了一种肤浅的鉴赏力。”因为音乐的本质也在于以“音调”的形式对人类各种丰富情感因素的一种完整“构型”。正是在这种构型中，我们可以听到的“是人类情感从最低音调到最高音调的全音阶”。

卡西尔认为艺术在成为美之前，就已经是构型的了。并指出经过构型的艺术比美的艺术本身更真实、更伟大些。“艺术家的眼睛不是被动地接受或记录事物的印象，而是构造性的，并且只有靠着构造活动，我们才能发现事物自身的美。”“艺术并不打算在深度和广度上与自然竞争，它停留在事物的表面；但它有自己的深度、自己的力量，它借助于在这些表面现象中见出合规律的性格、尽善尽美的和谐一致、登峰造极的美、雍容华贵的气氛、达到顶点的激情，从而将这些现象最强烈的瞬间定型化。”

卡西尔在阐发自己的美学思想和艺术思想时，一方面重视以其文化符号论为基础，另一方面又将人类的美感和艺术活动与神话、宗教、科学加以比较。

美国学者苏珊·朗格是20世纪符号美学的重要代表人物，她的符号学心理美学主要从认知心理学的角度来解释艺术的本质。

苏珊·朗格（1895～1985年），生于美国曼哈顿一个德国移民家庭。从小接受良好的知识训练和艺术熏陶。在哈佛大学获得了哲

①卡西尔著、甘阳译：《人论》第3、71、73、41、72页，上海译文出版社1985年版。

学硕士（1924年）和博士（1926年）学位。

苏珊·朗格在其老师卡西尔的启发下，认为“所有意识的经验都是一种符号化了的经验的表现”。并且，她明确地把艺术定义为“人类情感的符号形式的创造”。艺术作为“一种表现形式归根到底是一种符号的形式”。

艺术符号是一种符号系统。黑格尔说：“在单纯的符号里，意义和它的表现的联系是一种完全任意构成的拼凑。”①

朗格认为：“艺术形式与我们的感觉、理解和情感生活所具有的动态形式是同构的形式。”

朗格将艺术和语言同样视为人类创造的符号。语言无疑是人类最了不起的符号手段，人类借助语言进行命名、判断和思想。但是，语言“只能大概地、粗糙地描绘想象的状态，而在传达永恒活动着的模式、内在经验的矛盾心理和错综复杂的情感、思想和印象、记忆和再记忆、先验的幻觉——的相互作用上面，则可悲地失败了。”

艺术恰恰可以胜任语言所不能完成的任务，表现着人类情感生活的另外各个方面。语言在描绘艺术时往往无能为力。朗格指出：艺术符号是“一种非理性的和不可用语言表达的意象，一种诉诸直接的知觉意象，一种充满了情感、生命和富有个性的意象，一种诉诸感受的活的东西。”“艺术中使用的符号是一种暗喻，一种包含着公开的或隐藏的真实意义的形象。”

她说：“我们如何才能捕捉、占有和把握情感，从而使情感内容不需要严格意义上的理解，即不用概念的方式便可以理解，用一种普遍的形式便可以呈现给我们的意识呢？答案是：可以通过创造某种客观对象来达到上述目的。在那里，我们所寻找的情感如此鲜明地体现着，以致每一个人都被强烈地吸引，每一个人都不得不全神贯注地经历一番对该情感的无意识感受。这客观的对象就是艺术品，而创作艺术品的活动，就是艺术！”

各种艺术样式是以不同的方式把人类情感符号化，例如音乐便是人类情感活动的“声音的类似物”。音乐，“它的意味就是符号的意味，是高度结合的感觉对象的意味。音乐能够通过自己动态结构的特长，来表现生命经验的形式，而这点是极难用语言传达的。情

①黑格尔著：《美学》第2卷第10页，商务印书馆出版。

▼对朱尔斯·凡恩的效忠 比利时 德沃尔
虽然人们认定德沃尔是超现实主义画家，但他自己认为他是一名现实主义画家，他的一切艺术创作都是他内心情感的表现。

感、生命、运动和情绪，组成了音乐的意义。”

她认为，艺术表达的情感是以个体的形式出现的，但它呈现给读者的却是人类普遍的情感。她曾说：“一件艺术品就是一件表现性的形式，这种创造出来的形式是供我们的感官去知觉或供我们想象的，而它表现的东西就是人类的情感。”“艺术表现的并非是实际的情感，而是情感的概念，正如语言表达的并非是实际事物和事件，而是事物和事件的概念一样。”朗格的美学是对以往一度盛行的情感表现论的矫正。19世纪以来，“艺术是创作者内心情感之表现”的观点一直流行于西方，勋伯格的话颇有代表性：“一件艺术品，只有当它把作者内心中激荡的感情传达给听众的时候，它才能产生最大的效果，才能由此引起听众内心情感的激荡。”“事实上，艺术家所努力追求的只有一个最大的目标，就是表现自己。”朗格明确指出：“发泄情感的规律是自身的规律而不是艺术的规律。”“纯粹的自我表现不需要艺术形式。”情感对于艺术活动来说是必要条件，但决非充分条件。“哭泣的婴儿比音乐家更能发泄他的情感。但是，并没有人愿意到音乐厅去欣赏婴儿的哭泣。”①

苏珊·朗格以其系统的美学理论体系在当代西方美学领域独树一帜，从而被称为“美国最伟大的哲学家之一”。

①苏珊·朗格著：《艺术问题》第70、113、114、133、134页，中国社会科学出版社1983年版。

存在主义美学

——海德格尔(1889~1976年) 萨特(1905~1980年)

"哲学研究的是存在,它应当回答什么是存在的问题。"①

作为与传统本质论哲学相抗衡的一种学说,"存在主义虽然是一种每个时代的人都有的感受,在历史上我们随处都可以辨认出来,但只在现代它才凝结为一种坚定的抗议和主张。"

萨特将存在主义者分为两大阵营,一类是以雅斯贝尔斯为代表的基督教徒,另一类是由海德格尔领衔的无神论者,而马里坦则以对待本质的立场为依据,将存在主义分为消极的彻底反本质论与本质论的存在主义两种形式。但是一些思想史家们认为"存在主义实质上不可能加以系统地说明"。因为存在本身是一种无法直接予以把握的东西。

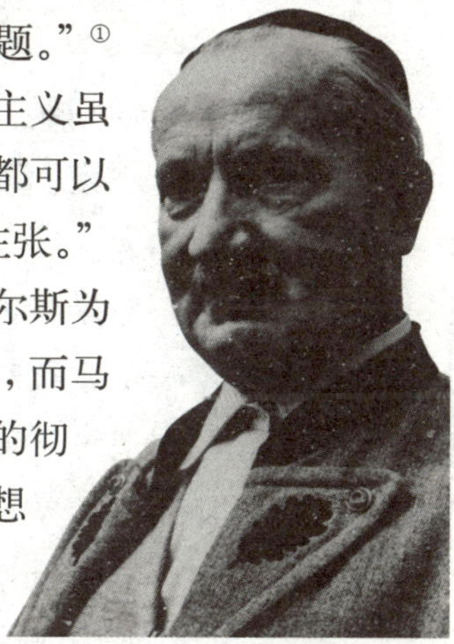

▲海德格尔像

作为现象学学派的发展者、存在主义哲学的创始人,海德格尔的哲学思想至今仍对学术思想产生着影响。

从词源学看,在古希腊语里,"存在"的原义是"呼吸"。梅洛·庞蒂说:"存在就是本质。"马塞尔说:"存在主义的对象是存在与存在者这一不可分割的统一体。""海德格尔的思想本身就是存在:一切都围绕着它谈,指向它,但达不到它。"西班牙思想家加塞尔说:"生活是一种最基本的事实,一切哲学都必须由此出发。我们从内部知道它,在它的身后不可能再有什么可追问的东西。"

海德格尔艺术再现真理论

海德格尔(1889~1976年)出身于一个天主教家庭,早年在弗莱堡大学研读神学和哲学。

1927年,为晋升教授职称,海德格尔发表了未完手稿《存在与时间》。据说,当这本书送到教育部审查时,部长的评语是"不合格"。但就是这样一本被官员判定为不合格的书,成为了20世纪最重要的哲学著作之一。

①索洛维约夫著:《西方哲学的危机》第236页,浙江人民出版社2000年版。

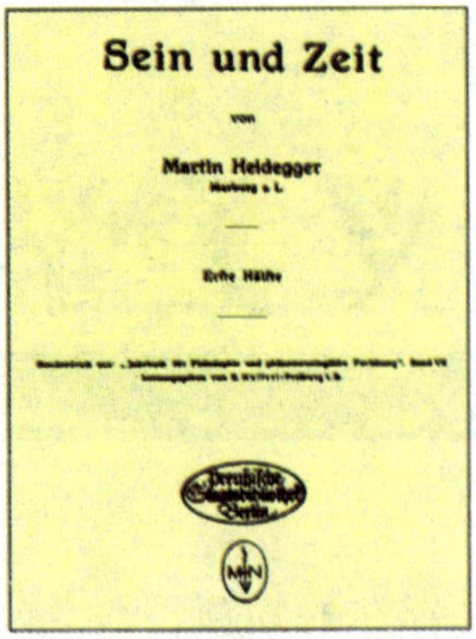

▶《存在与时间》书影

该书是海德格尔最伟大的著作，他在书中运用胡塞尔的现象学来探讨人类存在的结构。这部著作对萨特以及其他存在主义者产生了深刻的影响。

1928年，海德格尔接替胡塞尔，任弗莱堡哲学讲座教授。纳粹运动兴起后，他参加了纳粹党，并于1933年4月～1934年2月任弗莱堡大学校长。因为他与纳粹的这段牵连，1945～1951年期间，法国占领军当局禁止他授课。

他1959年退休，隐居家乡黑森林山间别墅，潜心著述，偶尔在朋友圈子内探讨哲学问题。海德格尔是西方哲学史上一位有独创性的、影响广泛的思想家。海德格尔被视为现象学学派的发展者、存在主义哲学的创始人。

现代西方美学以存在为核心，在美学的发展史上，现代美学的一个重要转变就是“存在论美学”对古典“本体论美学”提出挑战，由追究“美的本质”的“本质论美学”向关注“美的存在”的“存在论美学”的转变；后现代西方美学则以语言为核心。

海德格尔美学思想一方面确立了存在的本体地位，从而标志现代西方美学的完成；另一方面又开拓了语言释义学的存在领域，从而又标志着后现代西方美学的开始。

海德格尔认为美学以及“各门科学都是此在的存在方式，在这些存在方式中此在也对那些本身无须乎是此在的存在者有所作为。此在根本上就是，存在于世界之中。”①

“在精神的王国中，我们的世纪将是海德格尔的世纪，正如17世纪可以说是笛卡儿和牛顿的世纪一样。”他主要是一位哲学家，美学只是他的哲学体系的一个方面，或者说是他的哲学观点的延伸和论证。②

“海德格尔的主题不是揭示人的行为或我们心灵的活动，而是通过确立我们通常所说的存在的最本质的东西，来阐明存在这个概念。毫无疑问，这是哲学的任务。而且，我发现这个命题在某些方面是所有哲学命题中最迷人的一个。”③“在海德格尔看来，美学与

①海德格尔著：《存在与时间》，三联书店1999年版。
②萨弗兰斯基著：《海德格尔传》第140页，商务印书馆1999年版。
③布莱恩·麦基著：《思想家》第88页，三联书店1987年版。

其说是一个艺术的问题，倒不如说是一种与世界的联系方式。”①

海德格尔的系列演讲《艺术作品的本源》以“回到事情本身”和“直接呈现”的现象学方法考察了“艺术的存在”。海德格尔认为，艺术的价值就在于揭示真理。“艺术品和艺术家都以艺术为基础，艺术之本质就是真理的生成和发生。”“在作品中发挥作用的是真理，而不只是一种真实。”“作品之成其为作品”，是因为它“是真理之生成和发生的一种方式”。

“美乃是作为无蔽的真理的一种现身方式”。美是艺术显现真理的方式。“作品存在就是建立一个世界”。海德格尔指出，古希腊那个后来被译为“真理”的单词，其本义正好是“无蔽”。“无蔽”同时又意味着“解蔽”或“敞开”。因此，“真理”的本质就是存在者之“无蔽”、“解蔽”或“敞开”状态。“艺术”正是真理得以发生的一种方式。

▼劫夺萨宾妇女 法国 普桑

海德格尔认为，艺术的本质就是真理的生成和发生。《劫夺萨宾妇女》是一幅宗教神话题材的作品，既有浪漫色彩，又有追求理性的倾向。此画表现的虽是激烈的场面，但占上风的仍然是理性主义。

①索洛维约夫著：《西方哲学的危机》第236页，浙江人民出版社2000年版。

“美”也是“作为无蔽的真理的一种现身方式”。艺术是真理之创建、发生和进入存在的突出方式，“作品之成为作品，是真理之生成和发生的一种方式”。海德格尔认为真理就是自由。他说：“作为陈述的正确性来理解，真理的本性乃是自由。”“艺术让真理脱颖而出。”真理发生的方式多种多样，而艺术是显现真理的最佳方式。“美属于真理的自行发生。”

“艺术作品以自己的方式敞开了存在者的存在。这种敞开，就是揭示，也就是说，存在者的真理是在作品中实现的。在艺术作品中，存在者的真理自行置入作品。艺术就是自行置入作品的真理。”传统美学的根本错误就在于它是从存在者的角度去把握艺术作品的本质的。他用“此在”表示人的存在，即人的在世中存在的状态。

海德格尔在《艺术作品的本源》中所研究的问题是“艺术之谜”，即艺术的本质问题。他说：“几乎从对艺术和艺术家做专门考察时起，人们便把这种考察称为审美的。美学把艺术作品当做一个对象，广义的感性把握的对象。今天我们称这种把握为体验。人们体验艺术的方式应当启示艺术的本质。体验不仅对艺术享受，而且对艺术创造都是标准的来源。一切皆体验。然而体验或许就是艺术在其中终结的那个因素。这终结发生得如此缓慢，以致它需要经过数个世纪。”

▶晚钟 法国 米勒
在这幅画的画面上，夕阳西下，劳动了一天的农民夫妇，听到远方教堂晚钟响起，丢下手中的活计，默默祈祷。画家着力描绘出他们对于宗教的虔诚，使我们为他们的诚实和纯朴所感动。可是画中反映的现实境况又明白无误地告诉人们：他们虔诚的结果只有简陋的工具，破旧的衣衫，两小袋马铃薯，在大地的映衬下，他们是那样的孤立无援。在米勒看来，信仰就是“追求道德”，就是“向善”，他要使人相信“人不单为面包活着”，更是靠道德理想的支持。

海德格尔说："只有从存在问题出发，对艺术是什么这个问题的沉思才得到了完全的和决定性的规定。"[①]海德格尔把艺术奠基于存在论，并强调艺术之于艺术作品和艺术家的根本规定性。艺术家创造活动的本性是使艺术作品显现，艺术家是艺术作品的守护人。"无论就它们本身还是就两者的关系来说，艺术家和作品都通过一个最初的第三者而存在。这个第三者才使艺术家和艺术作品获得各自的名称，那就是艺术。"

美学辞典

存在主义：西方现代派美学中的重要流派之一，创始人为德国哲学家海德格尔。主张以真理和历史的角度来把握艺术的本质，认为艺术存在的价值在于揭示真理。将"真理本身置入作品"，即艺术作品要开启存在者之存在。存在主义的重要代表人物还有法国作家萨特、加缪等。

总之，"艺术是艺术作品和艺术家的本源"。"本源"一词是指"一件东西从何而来，通过什么它是其所是并且如其所是"。"艺术作品的本源，同时也就是创作者和保存者的本源，也就是一个民族的历史性此在的本源，乃是艺术。之所以如此，是因为艺术在其本质中就是一个本源：艺术是真理进入存在的突出方式，亦即真理历史性的生成的突出方式"。"我们寻求艺术作品的现实性，是为了实际地找到包孕于作品中的艺术。"

他说：艺术作品有两大特征，即世界的建立和大地的显现。艺术的价值就体现在这两大特征上面。"世界"和"大地"是海德格尔哲学特有的两个重要概念。所谓"世界"是人与生存环境全部联系的总和，凡与人的生存无关的一切都不是世界。

他说："世界从来不是立于我们面前让我们观看的对象……一块石头没有世界，植物与动物也没有世界……但农妇却有一个世界。"他所说的"世界"不是单纯的物质世界，而是天、地、人、神构成的全息整体。"天"是敞开性的场所，"地"是遮蔽性的场所，"人"是和"神"相对的。在海德格尔看来，神性是人用来衡量其本真"存在"或者"诗意栖居"的尺度。"艺术（作品）"能使我们"摆脱惯常性"，"挪移"进"存在者的由它自身开启出来的敞开性"之中，从而"改变我们与世界和大地的关系"，"把我们移出寻常与平庸"。所谓的大地实指无生命的纯物。

海德格尔以梵·高的油画《农鞋》为例，表明艺术作品自身是如何显现的。他说："梵·高的绘画揭示了器具，一双农鞋真正是

①伊格尔顿著：《美学意识形态》第300页，广西师范大学出版社1997年版。

“世界上没有任何真实之物，只有美除外。”

——克罗齐

什么。这一存在者从它无蔽的存在中凸现出来。”他说：“从鞋具磨损的内部那黑洞洞的敞口中，凝聚着劳动步履的艰辛。这硬邦邦、沉甸甸的破旧农鞋里，聚积着那寒风料峭中迈动在一望无际的永远单调的田垄上的步履的坚韧和滞缓。皮制农鞋上粘着湿润而肥沃的泥土。暮色降临，这双鞋在田野小径上踽踽而行。在这鞋具里，回响着大地无声的召唤，显示着大地对成熟的谷物的宁静的馈赠，表征着大地在冬闲的荒芜田野里朦胧的冬眠。这器具浸透着对面包的稳靠性的无怨无艾的焦虑，以及那战胜了贫困的无言的喜悦，隐含着分娩阵痛时的哆嗦，死亡逼近时的战栗。这器具属于大地，它在农妇的世界里得到保存。正是由于这种保存的归属关系，器具本身才得以出现而自持，保持着原样。”①

从梵·高所画的农鞋中，海德格尔看到了农妇的整个世界：她劳作的艰辛与收获的喜悦，她分娩的痛苦与对死亡的恐惧……雅斯贝尔斯在谈到海德格尔时曾表示：“事实是没人能够声称，他懂得了海德格尔所谈的那个存在是什么。”但是，“海德格尔以自己的方式揭示出‘生活’，并以‘现实性’和‘生存’的名义让它受洗”。

在海德格尔那里，美与艺术浑然一体。海德格尔把艺术和美建基于存在论之上，与存在和真理相关。这里的真理是存在的真理，它不同于科学的真理，因为科学的真理只关涉存在者，终止于正确性的符合论判断。

海德格尔常被称为“诗人哲学家”。海德格尔的思想实质上是对世界的一种诗性把握。他十分喜爱和重视荷尔德林的诗，这些诗启动了他对艺术的美学沉思。海德格尔认为一切艺术本质上都是诗。他甚至认为：“语言本身就是根本意义上的诗。”

“如果全部艺术在本质上是诗意的，那么，建筑、绘画、雕刻和音乐艺术，必须回归于这种诗意。”诗乃是存在者之无蔽的道说，乃是“真理之创建”。海德格尔认为，诗是一种“存在的创建”，这种诗必须受到双重的约束。诗人必须受到诸神的启示，在受到启示

①海德格尔著：《林中路》第21页，上海译文出版社1997年版。

的同时，必须用启示把它进而传给地上人民，而传递的中介就是民族的语言。诗的本质就夹在诸神的启示和人间的声音之间，诗人也就站在诸神和民族之间。

荷尔德林曾说：写诗“是人的一切活动中最纯真的”，“人类拥有了最危险的东西——语言，来证明自己的存在……”海德格尔分析说，写诗之所以是“最纯真的，那是因为写诗是想象力的自由游戏，是无功利的”。语言之所以是最危险的，是因为通过语言而明晓自己作为存在者得为自己的“此在”而苦恼、焦心，“语言的任务在于通过它的作用使存在者亮敞，以此来保护存在者。在语言中，最纯粹的东西和最晦暗的东西亦即最复杂的东西和最简单的东西，都可以用言词表达出来。”在海德格尔那里，语言具有某种本体论的地位，他说：“唯有语言处，才有世界。”①

“当揭开层层相叠的误解以后，读者会感到某些光辉的事物将要出现。可是不幸，它总是停留在将要出现的阶段上。当海德格尔本人最后准备解释苏格拉底以前的格言时，黑夜似乎已经降临，伟大的发现虽已诞生，但我们不能完全看到它。”②

萨特的想象论

萨特（1905～1980年），是法国著名的作家、社会活动家、思想家。萨特被誉为“20世纪人类的良心”。萨特3岁时，右眼因角膜翳引起斜视，5岁就戴上了眼镜；他与西蒙娜·德·波伏娃的情人故事广为人知；他获得1964年度的诺贝尔文学奖，以“一向谢绝来自官方的荣誉”为由拒绝领奖；60多岁时，还激情地参加五月风暴而被押上警车等。

1980年4月15日，萨特在巴黎逝世。

萨特声称自己是个无政府主义者。但是他又说：“长时期以来，哲学是一个人试图逃避生活状况的一种思想，特别是逃避那些应尽政治责任的生活状况。人活着，他睡觉，他吃饭，他穿衣，哲学家不重视这样的人。他研究另一些把政治排除在外的领域。今天哲学家关心的是那些睡觉、吃饭、穿衣等的人，此外，再也没有其他的

①海德格尔著：《林中路》，上海译文出版社1997年版。
②海德格尔著：《荷尔德林诗的阐释》第40页，商务印书馆2000年版。

▶近半个世纪以来，波伏娃与萨特一直以伴侣的面目出现在世人面前，这种伴侣关系是自由的、反世俗的。1960年，波伏娃在《岁月的力量》一书中写道："我们有着共同的特点，我们之间的交流在有生之年从未间断。"

主题。哲学家不得不有一个政治立场，因为政治在这个水平上发展。"他说："哲学就是探讨存在。任何思想如果不导致对存在的探讨就没有根据。""请不要忘记，一个人身上有着整个时代，正像一波浪涛承担着整个大海一样。"

1943年，萨特的哲学巨著《存在与虚无》问世。在此书中，他全面论述了关于"存在"的理论，他说："哲学就是探讨存在。任何思想如果不导致对存在的探讨就没有根据。"指出人即为自我的存在，具有超越的特性，他永远处于变化中，尤其是在时间的流逝中，并显示为"不是其所是和是其所不是"的面貌存在。

他写道："我们所说的存在先于本质是什么意思呢？我们的意思是说，人首先存在于自身相遇，在这个世界上崛起，然后才规定他自己……这就是存在主义的第一原理。"人，不外是由自己造成的东西，这是存在主义的第一原理，是萨特"自由哲学"的基础，即"存在先于本质"。①

人的存在是虚无，其过程是一个自身否定的过程。人的这种自身否定，萨特称为"自由"。他说，自由"就是我的存在"。萨特主张人的自由通过人的选择和行动表现出来，自由与选择、行动密不可分。但人又必须承担由此而来的全部责任，包括烦恼、孤独和绝望等。恰如他所言："人是自由的，懦夫使自己成为懦夫，英雄把自己变成英雄。""选择是可能的，但是不选择却是不可能的，我是总能够选择的，但是我必须懂得如果我不选择，那也仍旧是一种选择。"

萨特称自己的"存在主义是一种人道主义"，强调"行动"的重要性，要求人们在荒诞现实和偶然性存在中积极争取存在的意义、本质和价值。这也就是为什么在萨特时代，存在主义已不仅仅

①萨特著，陈宣良译：《存在与虚无》第61页，三联书店1987年版。

是一种哲学思潮，而成为一种社会运动的原因。

萨特的结论是："世界从本质上说是我的世界……没有世界，就没有自我性，就没有人；没有自我性，就没有人，就没有世界。"①

在美学上，萨特用想象代替哲学中的意识，认为想象的过程就是对自在的存在的否定和虚无化的过程。这是萨特存在主义哲学在艺术和审美领域中的实践。萨特的想象理论是其美学思想的核心。想象的世界是萨特所追求的自在与自为统一的世界，即美和艺术的世界。人应该立足现实，凭借其想象行动起来，争取更大的自由与更多的存在，这样才能超越现实世界，达到美和艺术的境界。萨特的独特之处在于突出了想象富于行动的一面，即认为想象是一种否定和超越现实世界的能力，这是萨特对想象理论的重大发展，对现当代西方美学产生了深远影响。

▲自由领导人民 法国 德拉克洛瓦

多年来，萨特一直表现出对穷人的关心以及对各种被剥夺权利者的同情，他坚信自由是人类斗争最有力的工具。

①萨特著，陈宣良译：《存在与虚无》第152页，三联书店1987年版。

萨特认为想象“使意识的自由得到了实现……非现实的东西是在世界之外由一种停留在世界之中的意识创造出来的；而且，人之所以能够从事想象，也正因为他是超验性自由的。”

美学中的想象包括两层意思，即审美想象和艺术想象。在萨特那里，想象是一种活动，其结果是创造出一个非实在的对象。萨特认为想象的首要特征是它的意识性。所有的意识都假定其对象。想象的假定作用有四类，即想象把对象设定为：(1) 非存在，(2) 不在现场，(3) 存在于他处，(4) 不假定其对象存在。想象的另一重要特点是它的自由性、创造性，它是意识本身所具有的一种能力。在萨特看来，想象是最伟大的艺术家，没有想象的参与，美的创造和欣赏是不可能的，美只存在于想象的世界中。艺术作品不是外部世界中的客体或事物意义上的对象，“它所展示出来的是一些新的东西的一种非现实的集合”。

美作为被想象的对象是非真实化的，“根本上依靠人类超越世界的意识，依靠其呼求着的本质上的贫乏”。因为现实的极其贫乏，才使人的想象成为可能，促使人们凭借其丰富的想象行动起来。想象对象的存在是“非存在”，是“虚无”。因此想象所把握的是虚无，所假定的也是虚无，“‘虚无’是存在的一种类型”。虚无、非存在，萨特认为其来源于“否定”。“否定的活动，对于意象来说便是构成性的”，而且是“意象的根本性的结构”。

萨特在戏剧方面提出著名的“情境剧”理论，“戏剧能够表现

▶萨特对叛逆的年轻一代说：“完全通过选择成为自己”，要充分地去生活，创造新的自身。

的最动人的东西是一个正在形成的性格，是选择和自由地做出决定的瞬间，这个决定使决定者承担道德责任，影响他的终身。”“作为以描写人物为中心的戏剧的继承者，我们需要那种有情境的戏，我们的目的在于探索一切在人生经历中最常见的情境，这种情境在多数人生活现象中至少出现一次。”①

“在当代，哲学在本质上是戏剧性的。哲学的注意力已经放到人的身上——人既是动因又是行动者，人因其生活境况而处在种种矛盾之中，他创作和扮演着人的戏剧，这场戏不到他的个性被摧毁或他的冲突得到解决就不会收场。一场表演在当代来说，是表现人活动最恰当的工具——把人的活动完全截留下来了。由此看来，哲学所关注的正是这样的人。因此，我们说戏剧含有哲学意味，哲学又带有戏剧性。”两者还是有区别：“哲学是戏剧性的，但它并不能像戏剧那样来研究个性。”

萨特提出：“我心目中的戏剧美学要求必须跟展现的目的保持一定的距离，使这个目的在时间或空间移动，一方面舞台上表现出的激情应该相当有节制，不应妨碍观众的觉醒；另一方面应该让戏剧的海市蜃楼消散，这是我采用的譬喻，按高乃依的术语来讲就是喜剧幻觉的消散。”②

法国当代评论家罗杰·加洛蒂称萨特的戏剧是“我们时代的见证”，“他道出了我们时代的混乱状态，也表明了摆脱这种状态的意志，这种根本的智力活动给萨特的作品以强烈的生命力。”③

“哲学家的审美经验为检验其哲学理论提供了精彩的、足够的例子，因为审美经验也许是包容最广泛、最复杂的人类经验。审美不像理性那样抽象与简约，它具体而丰富；不像分析那样分解与持续，它注重整体和即时，萨特的本体论即审美，审美即本体论。”④

---

①沈志明、艾明译：《萨特文集》第7卷第455、459页，人民文学出版社2000年版。

②柳鸣九著：《萨特戏剧集》（下）第999页，安徽文艺出版社1998年版。

③柳鸣九著：《萨特研究》第330页，中国社科出版社1981年版。

④转引自张永清、薛敬梅著：《美在创造中——萨特的现象学美学思想简论》第27卷第1期，《山西师大学报》（社会科学版）2000年版。

法兰克福学派的社会批判美学

——马尔库塞（1898～1979年） 阿多诺（1903～1969年）

▲霍克海默像

1923年在德国法兰克福大学形成了以霍克海默领导的法兰克福研究所，但是作为真正学派意义上的法兰克福学派是在50年代以后才出现。法兰克福学派是20世纪最大的马克思主义流派，也是现代西方哲学的重要流派之一。作为一种哲学、社会学、美学思潮，充满着浪漫主义色彩。

法兰克福学派继承马克思主义哲学的批判精神，广泛吸取著名的现代西方哲学家的思想观点并秉承浪漫主义传统，其社会批判理论以拯救人类、使人类摆脱当下受剥削和受奴役的“异化”状态为宏旨。法兰克福学派批判理论以批判与重建为主题，以启蒙精神、工具理性、科学技术、大众文化、工业文明批判为核心，以非压抑性文明和交往合理性重建为目标。

代表人物有德国著名哲学家、社会学家霍克海默（1895～1973年），德国著名哲学家、社会学家、美学家阿多诺（1903～1969年），德裔美国著名哲学家、美学家、政治理论家马尔库塞（1898～1979年），德国著名哲学家、社会学家哈贝马斯（1929～ ）等人。

马尔库塞的审美乌托邦

马尔库塞（1898～1979年），生于德国柏林一个犹太资产阶级家庭。他先后师从胡塞尔和海德格尔。1934年移居美国，当代西方社会最有影响的社会理论家之一。马尔库塞在60年代赢得了世界性的名声，被媒体称颂为“新左派之父”，成为了美国和欧洲最有影响的知识分子。

他曾被戴上西德和美国学生运动"精神领袖"、"青年造反之父"和"发达工业社会最重要的马克思主义理论家"的桂冠。甚至被与马克思、毛泽东相提并论，与二者并称为"三M"。他的著作被称为"对发达资本主义社会所作的迄今最成熟的剖析"。他著名的"单向度"理论，被20世纪60年代末的西欧大学生奉为"行动的指南"，政治信仰的"圣经"。

▲马尔库塞像

他揭示了隐藏在当代资本主义背后的爱欲的压抑、人性的扭曲、劳动的异化等病态现象，并在此基础上提出以建立"新感性"即艺术学作为医治西方现代病态文明的救世良方。他认为审美和艺术是革命的武器，是解放的承诺。马尔库塞的审美哲学是"走向解放的美学"，对人类解放的执著是马尔库塞的终极目标。

马尔库塞指出现代工业社会既是"发达的富裕社会"，同时也是"病态社会"。所谓"病态社会"，其具体体现就是社会的"单向度性"，即一种起操纵与同化作用的、使资本主义社会趋于稳定与使大多数人失去批判意识的"超然力"。"人"被拉平，成了"单向度的人"，以"单向度的思想和行为模式"组成有史以来最牢固的"单向度的社会"。各种社会控制已经深深潜入人们的内心，人们日益循规蹈矩，沦为机器上的一个个部件；技术理性的意识形态已经成为人们的生活方式。而整个社会就像一部庞大的机器。他总结出公式：技术进步＝社会财富的增长＝奴役的加强。

他说："人对人的最有效征服和摧残恰恰发生在文明之巅，恰恰发生在人类的物质和精神成就仿佛可以使人建立一个真正自由的世界的时刻。""发达工业文明社会的奴隶们是升华了的奴隶，但毕竟还是奴隶，因为奴隶制之确立，既不靠压服，也不靠劳动的冷酷，而是靠作为纯粹工具的地位和把人降低为物的状态。"

科学技术是新的意识形态。"在工业发达国家，科学技术不仅成了创造用来安抚和满足目前存在的潜力的主要生产力，而且成了与群众脱离的，使行政机关的暴行合法化的意识形态的新形式。”他说：“被表述为技术统治论意识的科学技术本身，在日常的实证思维方式之中已开始替代资产阶级意识形态而扮演起意识形态的角色。”科技管理和使用深入到国家政权领域，“成为统治人民的政治、经济、思想、文化以及社会生活一切其他方面的工具，成为‘人民解放的桎梏’。”造成这一切的根源则是工具理性的泛滥。

为了彻底消除理性对人格的摧残，马尔库塞认为，审美能够使人格从理性的压抑中解放出来，从而与理性建立一种新的和谐。在审美境域里，感性与理性是交融统一的，审美就是“取消强制”，而这种强制的取消正意味着人格自主性的回归。“审美的调和，意味着加强感性以反对理性的专制，而且在根本上说，甚至是呼唤把感性从理性的压抑统治中解放出来。”在审美形式中，达到了被压抑的对象的解放和回归。

艺术“作为‘意识形态’，使占统治地位的意识形态失去存在理由”。“艺术不能改变世界，但它能够致力于变革男人和女人的意识和冲动，而这些男人和女人是能够改变世界的。”“艺术表现了一切革命的最终目标：个人的自由和幸福。”

马尔库塞对传统美学进行批判，主要基于这样一个基本思想：艺术即现实的“异在”。艺术的真实不在于它多么像现实，“作为虚构的世界，作为幻象，它比日常现实包含更多的真实”。“作为现实形式的艺术的意义，不是对给定东西的美化，而是建构出全然不同和对立的现实。”

马尔库塞指出，感觉的解放只能依靠艺术和审美。人类的自由根植于人类的感性之中。直到人的感性与现存对象世界之间的压抑性的惯常关系被打破才能有真正的自由。“这意味着进行一场严酷的斗争，在根本上致力于一种崭新的生活方式和形式。”

个体的感觉的解放是普遍解放的起点，甚至是基础。他说：“审美的根源在于感性，美的东西首先是感觉上的，也就是说，它诉诸感官。”马尔库塞对解放的理解并不止步于“感性的解放”，他的“新感性”目的在于“新世界”。他说：“革命必须同时是感性的革命，与革命相伴随的必须是社会的物质方面和精神方面的重构，革命创造的将是崭新的审美氛围。”感觉革命在于“培养一种新的感官系统”，其目的在于重建一个新世界。

马尔库塞认为，艺术通过美学形式创造一个崭新的自由世界与现实世界对抗。他说：“艺术无论是现实主义的，还是自然主义的，它始终是现实和自然的他者。”艺术就是从既存现实中创造出一个不同的现实。“因为人和自然是由一个不自由的社会构成的，它们被压抑、被歪曲的潜能只能以一种具有疏隔作用的形式表现出来。艺术的世界是另一种现实原则的世界，是疏隔的世界——而且，艺术只有作为疏隔，才能履行一种认识的职能：它传达不能以其他任何语言传达的真实”。“艺术的这种疏异化就是使艺术作品、使艺术世界成为某种根本不现实的东西，它创造了一个不存在的世界、一个表象世界、一个现象世界。”

▲这幅画创造了一个表象的世界，准确地捕捉到了现代人日常生活中的痛苦情绪。生活空间的单调，生存竞争的残酷——这就是现代人的生存状态。

形式的专横

在马尔库塞看来，艺术和审美的解放功能是“美学形式的一种特质”，它存在于“艺术本身之中，在作为艺术的美学形式之中”。“那种构成作品的独一无二、经世不衰的同一的东西，那种使得一件制品成为一件艺术作品的东西——这种实体就是形式”。马尔库塞直截了当地指出：“我用形式指代那种规定艺术之为艺术的东西。”

他以一种理想状态作为完美艺术作品的标准：“在真正的作品中常见的一种必

然现象，要求任何一行文字，任何一个声音都不能加以更换。”这便是所谓的“形式的专横”。“形式的专横”达到极致就是“美”。

美学形式的形成在于风格化。马尔库塞称为“美学转化”，其目的都在于“表现人类的本真状态”。“艺术的物资、素材、原料（语词、声音、线条与色彩，也包括思想、情感和意向），在作品中是以这样的方式被排列、关联、界定和包容的：它们构成了一个结构化的整体”。①

马尔库塞认为“每件真正的艺术品都将是革命的”，“艺术工作是真正的工作，它似乎产生于一种非压抑性的本能并且有一种非压抑性的目标”。他强调艺术工作的感性和爱欲属性，因为艺术劳动创造的是审美形式，是美，美体现了满足人类本能使其不受压抑的享乐原则，与异化劳动代表的现实原则在根本上是对立的。

对于这个要重建的乌托邦，马尔库塞说：“在自由的社会中，艺术作品作为现实的形式这个说法是模糊的，其原意是揭示出解放的基本方面，即按照人的解放了的感性（和理性），对技术和自然的世界进行革命的改造。不过，这个目标是永远追寻的东西，也就是说，无论以何种形式，艺术都不能取消它与现实的冲突，这个冲突的消除，也许是主体和客体永远不可能达到的最后的统一，这是对绝对唯心主义的唯物主义看法。而冲突的和解，否认了人的本质的可变性这个极限是不可能超越的，即这个极限是生物的而不是神学的极限。”

阿多诺的否定美学

阿多诺（1903～1969年），出生于德国法兰克福的一个酒商家庭，早年对政治持冷漠态度。德国纳粹上台后，阿多诺流亡英国研究音乐美学，并获得博士学位。1938年受霍克海默之邀去美国加入社会研究所，1953年霍克海默退休后，他接任所长。他的一生，贯穿了西方世界风雨飘摇剧烈动荡的时代。两次世界大战，社会主义国家的诞生，美式的消费方式，这一切都在他的哲学思考中留下了深深的烙印。

阿多诺是当代声名日益远播的思想家和敏锐的思辨哲学家，

①马尔库塞：《审美之维》第194、195页，三联书店1989年版。

也是20世纪美学史上最有特色的人物之一。在20世纪思想史上，“阿多诺是无可替代的”。“阿多诺的思想始终是在同文学艺术、特别是在同音乐打交道中成长和发展起来的。因此，不可设想，人们可以把他的美学搁置一旁，而妄称把握了他的思想的基本精神。”他是较早地对后现代主义做出预言的思想家之一。阿多诺被看作典型的现代主义思想家，被看做当代西方文化发展的一个标志性人物。

▲阿多诺像

阿多诺的《美学理论》被描绘为“从历史的与哲学的角度，对现代主义进行辩护，是对它的‘存在权利’进行鉴别的纪念碑式的尝试”。《美学理论》是“对现代艺术的重量级的辩护”。

他说：“现代美学只有一种形式，即迫使传统美学的理性化和中心化的概念解体。通过这种方式，在这些概念中释放出新的真理内容。”阿多诺强调：“只有一种方式美学在今天有望理解艺术，即通过批判性的自我反思。”

他的美学思想所表现的社会批判意识是以他的“否定辩证法”为哲学和逻辑基础的。他企图利用艺术来彻底否定和抗议资本主义的异化现实。阿多诺把自己的哲学看做是“批判的反思”，强调绝对的否定性。在阿多诺看来，否定辩证法就是“矛盾地思考矛盾”，它不断否定而没有确定的最后的结果。

阿多诺以否定的辩证法来批判资本主义的异化现实，批判工具理性对人性的压抑与扭曲，主张艺术与审美应反叛现实与超越现实。阿多诺看到，随着工具理性的发展，人的精神理性反而倒退。“知识就是权力，它既无限地奴役生物，也无限地顺从世界的主

“在所谓的艺术哲学中，通常总是有一方面——不是哲学就是艺术——被忽略。”

——阿多诺

人。”“理性愈是在自然科学中得势，人在社会生活中就愈不自由。”

他对资本主义社会中由于科技的进步导致人自由的丧失和对人主体性的侵害充满了深深的忧虑。“人凭着自身的理性能力创造了无与伦比的物质、技术文明，但这种文明都反过来成为压迫人、毁灭人的强大异己力量。”

“启蒙的实质，就是要求从两种可能性中选择一种，并且不可避免地要选择对生产的统治权。人们总是要进行选择，要么使自然界受自己的支配，要么使自己从属于自然界。随着资产阶级商品经济的发展，神话中朦胧的地平线，被推论出来的理性的阳光照亮了，在强烈的阳光照耀下，新的野蛮状态的种子得到了发展壮大。”

他在《启蒙的辩证法》中写道：“从进步思想最广泛的意义来看，历来启蒙的目的都是使人们摆脱恐惧，成为主人。但是完全受到启蒙的世界却充满着巨大的不幸。”“那种旨在征服自然和使人们从世界的魔境中摆脱出来的启蒙精神……像任何体系一样是极权主义。”

阿多诺说：奥斯维辛集中营之后不再写诗！在他看来，“奥斯维辛集中营之后的一切文化、包括对它的迫切的批判都是垃圾”，“奥斯维辛集中营之后，任何漂亮的空话、甚至神学的空话都失去了权利，除非它经历一场变化”。①

▼这幅画折射出个体在现代社会的经济、政治结构中失去自由和孤立无援的状态。正所谓“理性愈是在自然科学中得势，人在社会生活中就愈不自由”。

①阿多诺著：《否定的辩证法》第368页，重庆出版社1983年版。

大众文化是垄断的产物，是统治者控制大众意识形态的手段，大众文化的本质是以物化的形式来体现社会统治的娱乐形式。“文化制造了一个值得人类居住的社会的幻象，然而事实上这样的社会并不存在。这个谎言掩盖了所有人类劳作赖以产生的物质条件；通过抚慰和哄骗，它有助于使人类生存那讨厌的经济决定因素继续维持下去。”

他认为“工业化是艺术走向消亡的终点”。他指出：“文化工业只承认效益，它破坏了文艺作品的反叛性，而从属于替代作品的格式。”文化工业已经历史地形成并以最大的覆盖笼罩全社会。“整个世界都得通过文化工业这个过滤器。”“现在一切文化都是相似的。”在垄断下的所有群众文化都是一致的，它们的结构都是工厂生产出来的框架结构。

“文化产业是把旧的东西和熟悉的东西融合成一种新的特质……文化产业有意自上而下地整合消费者，它把几千年来有所区分的高雅艺术和低俗艺术强制性地合在一起，从而使双方都受到损害。高雅艺术的严肃性由于追求其效果而遭到破坏；而一旦社会控制不再是总体性的，低俗艺术的严肃性也由于以下原因而受到损害，即对它应有的反叛性抵抗施加文明化的限制。所以，尽管文化产业无疑会考虑到成百万人被诱导的意识和无意识状态，但大众显然不是首要的因素，他们是第二位的；他们是文化产业所预先设想的对象，是这个机器的一个附件。”

大众文化就是一种向现实妥协、向现实趋同的文化，是一种异化了的、丧失了文化特质的文化。文化产业的产品是严格按照规范程序制造出来的，“甚至逗乐的技术、效果、幽默讽刺方式，都是按照一定的格式考虑设计出来的。它们都是由特殊的专业人员管理的，而它们有限的多样性，也完全是由文艺机构编制的”。

“文化产业只承认效益，它破坏了文艺作品的反叛性，而从属于代替作品的格式。它使整体和部分都同样地从属于格式。”格式就是统一的标准，就是标准化，“从艺术上看，所有的作品都是一个风格。”①

阿多诺悲愤地指出：“一切业已消失，仅仅剩下了风格，于是，

①阿多诺著，王柯平译：《美学理论》第407页，四川人民出版社1998年版。

文化工业戳穿了风格的秘密：对社会等级秩序的遵从。”

面对文化工业产品，消费者所能采取的姿态只能是消极被动的接受，他们失去了任何抵抗的能力。文化工业摧毁了文化大众的抵抗能力，从而使他们变成了任人宰割的羔羊。

阿多诺希望通过他的审美乌托邦来达到改变现实、恢复人性的目的，面对异化的现实和扭曲的人性，艺术与审美就成为与现实相抗衡的途径、手段。

他的否定美学就是以“否定”作为核心。“非同一性”是阿多诺的否定辩证法的核心概念。从否定的辩证法出发，他认为艺术是对现实世界的否定性认知，把否定性看做是现代艺术的本质特征，“艺术必须通过否定自身，成为其所不是来折射和抗议异化的现实。”他认为：“否定之否定并不会使否定走向它的反面，而是证明了这种否定不是充分的否定。”

他主张：“艺术应打破传统艺术追求完美性、整体性的幻想，用不完美性、不和谐性、零散性和破碎性的外观来实现其否定现实的本性”。阿多诺认为现代人的审美活动应走向与现代生活的非同一，只有运用非同一原则才能走出科学理性对人的控制的圈子。人的个性应当是丰富多彩的，阿多诺认为救赎人类靠的是艺术和审美对现实的否定和反叛。

阿多诺认为，审美活动在人的现实和理想之间有“中介”作用，它能把人们所失去的愿望重新展现给人们。由于现实与人们的理想大相径庭，艺术就一定要走向现实的非同一性或否定。“一切成功的作品，从内在的批判的角度来看，不是在一种折衷的和谐中的客观矛盾的解决，而是否定地表达和谐的理想，同时不加损害地将纯粹的矛盾体现在它的深刻的结构中。”他指出：“艺术作品的社会性批判维度就是攻击和暴露（通过表现媒介和历史所确定的方式）当今社会状况的弊端。”①

他始终反对给艺术下一个绝对的定义，拒绝把自己的美学建构成一个完整的体系。阿多诺认为：“今天，不言而喻的是，关于艺术的一切都不是不言而喻的，都需要思考。关于艺术，每件事情都成为问题：它的内在生命，它与社会的关系，甚至它的生存权利。”

①阿多诺著，王柯平译：《美学理论》第407页，四川人民出版社1998年版。

▲琴提阿娜 德国 约格·伊门朵夫

画面黑暗而混乱的场景渲染出一种压抑的氛围，酒吧里精神颓废的人们告诉我们这个世界充满了孤独、焦灼，现代人生活在一个人与人之间相疏隔的社会里。作品充满了对现代社会的批判。

“艺术拒绝被定义，因为它是不断发生的历史变化的星丛。”而且，“艺术的定义取决于艺术曾是什么，但还必须考虑艺术已经变成什么以及在将来它还会变成什么。”“没有一个孤立的概念能把握住艺术的理念。”

他不仅为现代艺术辩护，也对现代艺术做全面的批判。他认为：“批判文化工业而不同时批判艺术已变得不可能。”

阿多诺在《论艺术》中说：“艺术是对社会的一种社会的反题，并且是不能直接从社会演绎出来的。”他认为艺术是高于现实的，艺术的生命在于它表现了一种精神，艺术品显现着的是一种并不存在的精神性的东西，“只有脱离经验实在，艺术才能按其需要塑造整体与部分的关系，艺术作品也才能高于实在。”

他提出：“艺术作为自主的以及既成社会的双重特性不间断地指向艺术的自主领域，在这种与经验的联系中艺术补偿性地拯救了人曾经真正地、并与具体存在不可分地感受过的东西，拯救了被理性逐出具体存在的东西。”

阿多诺认为：“必须从两个方面来考虑艺术的社会本质：一方面是艺术的自为存在，另一方面是艺术与社会的联系。艺术的这一双重本质显现于所有艺术现象中；这些现象是变化的和自相矛盾的。”“艺术的社会性主要因为它站在社会的对立面。但是，这种具有对立性的艺术只有在它成为自律性的东西时才会出现……艺术凭借其存在本身对社会展开批判……艺术的这种社会性偏离是对特定社会的特定否定。”“艺术只有具备抵抗社会的力量时才会得以生存。它奉献给社会的不是某种直接可以沟通的内容，而是某种非常间接的东西，即抵抗或抵制。”

阿多诺不得不面对的两难困境是：“从外部来看，艺术已经成为一种不可能的事情；但从内部来看，艺术还得继续下去。”“艺术若能一方面吸收处于资本主义生产关系下的工业化成果，另一方面又能遵从其自身的经验模式并且同时表现经验的危机，那便成了真正的现代艺术。”

“当前艺术处于两难困境中。如果艺术抛弃其自律性，它就会堕入现状的阴谋中；但如果艺术想要固守自为，它同样会屈从于整合，而成为众多领域中的一个无害的领域。”唯一的办法，就是“艺术必须转而反对自身，与自身的概念相对立，从而在最核心处变得对自己毫无把握”。因此，阿多诺指出，不包含反艺术的因素的艺术是不可想象的。

阿多诺对于现代主义艺术采取破碎形态很赞同，他认为：“现代主义艺术之所以采取一种破碎的形态，其宗旨就在于和组织化的资本主义社会现实相抗衡，艺术以这样的形态，而不是整一的形态，则具有更强烈的造反和颠覆功能。”[①]

现代主义作品的令人费解正是其思想深刻的表现。他认为现代艺术对美的感性外观的否定即艺术作品的“不完美性”使艺术自身走向了衰亡，这时艺术不再是艺术而是属于“反艺术”。“‘反艺术’正是通过‘消灭’艺术美的外观而使艺术解体，又恰恰在艺术的解体中拯救了艺术。”[②]

---

①周宪著：《20世纪西方美学》第79页，南京大学出版社1997年版。

②朱立元编：《当代西方文艺理论》，华东师范大学出版社1997年版。

结构主义美学

结构主义是20世纪中期在欧洲兴起的学术思潮。“结构主义不是一个统一的哲学派别，而是由结构主义方法联系起来的一种广泛的哲学思潮”。它缘起于世纪之初法国语言学家索绪尔的符号理论，经由俄国形式主义和捷克的“布拉格学派”，最后在20世纪60年代的法国获得了空前的胜利。

结构主义20世纪70年代后多转向解构主义。作为欧美知识界一种“时髦思想方式”，它是以否定主体、标榜科学、注重结构的特立独行的方法论席卷了语言学、人类学、社会学、心理学、历史学、文学理论等几乎所有的人文学科的革新思潮。结构主义所确立的对文化各领域采取的分析方法，已经深深地渗透进了西方思想，并通过解构主义影响了共后所有的文化思潮。

结构主义是一种方法，不是一门哲学。它认为每门学科、每件事物都存在着一个内在的体系，这个体系是由事物的各要素按照一定的规律组合成的整体。它主张从事物的整体上，从构成事物整体的诸要素的关联上去考察事物、把握事物。结构主义认为结构是由成分构成的，而成分之间又存在着一定的结构，要了解对象或成分的性质，就必须首先了解其整体结构的性质。结构主义坚持只有存在于部分之间的关系才能适当地解释整体和部分。

结构主义方法的本质和它的基本信条在于，它力图研究连接和结合诸元素的关系的复杂网络，而不研究一个整体的诸元素。结构主义认为结构可分为表层结构和深层结构。深层结构是复杂现象各成分的内部联系，只有通过一定的认识模式才可以为人们所认识；表层结构则是现象各成分的外部联系，人们通过感觉就可以直接得到。因此，发现复杂现象的深层结构，就是结构主义所从事的主要工作。

▲索绪尔像

结构主义一方面提倡科学精神，提倡系统分析、共时方法和深层阐释，另一面则对传统哲学持强烈批判态度，具有“否定主体、否定历史、否定人文主义”的显著特征。

结构主义的代表人物列维·斯特劳斯给结构主义做出一个比较客观的定义：结构主义是“对于社会、经济、政治以及文化生活的模式的研究。研究的重点是现象之间的关系，而不是现象本身的性质”。

最早用结构的观点从事研究工作的是瑞士语言学家费迪南德·索绪尔。索绪尔（1857～1913年），瑞士著名语言学家，出生于日内瓦。1880年，以《梵语中绝对所有格的用法》获博士学位。长期在巴黎和日内瓦从事语言学研究。代表性论著为1916年由他的学生整理出版的课堂讲演录《普通语言学教程》。

结构主义致力于探究文化意义的产生，以及认为文化的结构相似于语言的结构，都可追溯到索绪尔的《普通语言学教程》。索绪尔并没有使用“结构”一词，“结构主义”这个命名是后来的雅各布逊提出的。《普通语言学教程》归纳并提出了结构语言学的4项法则，它们分别是：1.历时与共时方法；2.语言与言语；3.能指与所指；4.系统差异决定语义。上述法则，如今通称“四个两项对立”。结构主义坚持二元对立观，这是指观察事物的两种互相对立的视角。后结构主义就是以结构主义作为背景，在超越结构主义的二元对立的过程中来具体实施自己的消解策略。

索绪尔把语言作为一个整体来研究，他有一句口号式的言论：“从总体来考虑符号。”提出了语言研究中的同时性概念，也就是从构成某一语言现象的各种成分的相互关系中而不是从它们的历史演变中去考察语言。

语言作为一个符号系统，被看做一个特定时间内的完整体系，是这个特定体系的语言总系统(language)决定着日常生活中个别语言行为即“言语”（parole）的意义。“语言”（language）指的是语言的结构和语法。“言语”指人们的具体谈话，也就是每个人实际所说出来或写下来的那些话。索绪尔认为言语活动是异质的，语言却是同质的，它是一种符号系统。索绪尔指出："语言是由相互依赖的诸要素组成的系统，其中每一要素的价值完全由于另外要素的同时存在而获得。"语言是第一性的，而言语是第二性的。

语言"是社会性的"，是一种抽象的"记忆的产物"。言语的意义源于语言。语言是一个整体，一个系统，是各种因素间关系的系统。而"言语"是"个别性的"，是"创造的产物"，是一个在特定时空里制成的"事件"。"语言"和"言语"的关系犹如整体与部分的关系。

语言本身是一种关系，但它并不直接指称对象，而是语言自身的一种关系。"语言符号是一种两面的心理实体"。他指出："一部分是主要的，它以实质上是社会的、不依赖于个人的语言为研究对象，这种研究纯粹是心理的；另一部分是次要的，它以言语活动的个人部分，即言语（其中包括发音）为研究对象，它是物理的。"

▲**无题 亚历山大·罗贞科 俄罗斯**
作品的主题旨在反映现代社会科技的形式与过程，表现出了俄国结构主义绘画的特点。

索绪尔说："我们建议保留用记号这个词表示整体，用所指和能指分别代替概念和音响形象。"语言符号连接的不是事物和名称，而是概念和音响形象。他将概念命名为语言符号的"所指"，将音响形象命名为"能指"。能指(signifier)与所指(signified)，举例来说："桌子"在不同的语言中名称不一样，英语中是"table"，汉语中是"桌子"。所有的语言符号都会由能指和所指构成。索绪尔说，语言就像一张纸，"思想是正面，声音是反面"。斯特罗克就曾经举过一个这方面的生动例子：如果花儿还只是在静悄悄地开着，我们就无法把它当成一种记号，因为并没有什么东西已经呈现出来并将它变成一种记号。但如果对于文化来说，花儿可以并且常常被用作一种记号：比如把它扎成花环，作丧事之用等。在这种情况下，花环就是一种能指，用我们的话来说，它的所指就是"慰藉"。①

①参见赵一凡著：《结构主义》，载《外国文学》2002年第1期；张一兵著：《索绪尔与语言学结构主义》，载《南京社会科学》2004年第10期。

现代符号学有两个源头，一个在欧洲，一个在美国。欧洲符号学的创始人是索绪尔，他称符号学为“Semiology”。美国符号学的创始人是皮尔斯，他称符号学为“Semiotics”。两个词都来源于希腊文，意为“符号，sign”的意思。符号在本质上是社会的。索绪尔说：“同表面现象相反，语言任何时候都不能离开社会事实而存在，因为他是一种符号现象，它的社会性就是它的一个内在特征。”

结构主义美学就是运用语言的结构和模式来研究、解释文学现象的现代西方美学思潮。主要流行于法国。索绪尔说：“语言是一种形式，而不是一种实体。”它不关心作品所表现的客观世界，而是研究语言信息场内语言的美学功能，力图以此规定出文学的本质、功能、以及作品与社会的关系、作品与作者和读者的关系。

20 世纪 20 年代出现的俄国形式主义是结构主义美学的端倪。代表人物有谢克洛夫斯基、雅格布逊（1896～1982年）等。二次世界大战期间，雅格布逊把俄国形式主义思潮传播到东欧，使它与瑞士语言学家索绪尔的语言学、胡塞尔的现象学、德国哲学家卡西尔的符号哲学结合，形成布拉格语言学派，并始称为结构主义。

▼晒干草 俄罗斯 马列维奇
马列维奇这件作品以简洁的几何构图组织画面，人物造型独特，令人产生深刻印象，颇有结构主义艺术的特点。

雅格布逊认为：“与选择相关的是相似性，他暗含了某种替换的可能，选择的过程产生了隐喻，隐喻根植于相似性的替换：与组合相关的是邻近性，它暗含了某种延伸的可能组合的过程产生转喻，转喻是根植于邻近性的修辞和思想手段。”[①]

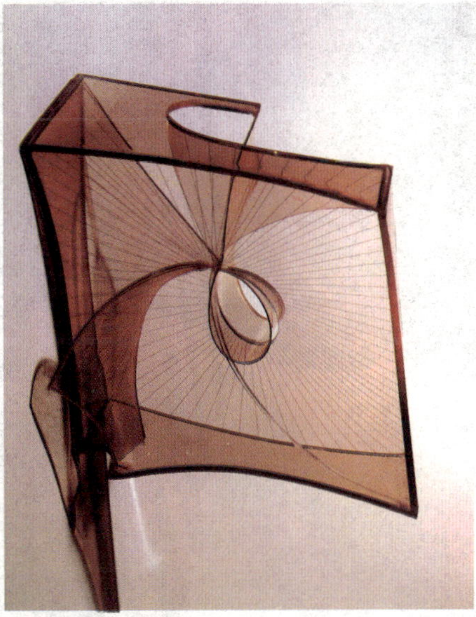

◀空间中的构成晶体 诺姆·嘉博

诺姆·嘉博是结构主义的代表人物之一。这件作品将形式抽象化，由基本几何元素构成，具有结构主义的特点。

结构主义批评的代表人物是法国的罗兰·巴特（1915年11月12日～1980年3月25日）等。他们不重作品语言的所指面（内容）、而注意能指面（语言），重视阅读反应的“统一性”与“参与性”，主张批评家积极介入作品的阅读过程、创造作品的意义。在文艺批评这一领域里，结构主义诗学和叙述学的重点“不是个别具体作品的分析，而是普遍的文学语言的规律。在结构主义看来，个别作品是类似语言学中的言语的东西，是一种更加宽泛的抽象结构的具体体现。结构主义诗学和叙述学的任务就是要探寻支配文学作品的这种内在结构或总法则”。

虽然结构主义的分析方法在实际运用中因人而异，各不相同，但他们都坚持文艺批评应该从具体作品出发，反对用作品以外的任何因素，例如历史事件、社会思潮、作者生平等去分析和理解作品。他们认为作品的意义寓于作品本身，是由作品内在结构决定的，因此批评者的任务是去挖掘、分析这部作品内在的抽象的结构。他们并不排斥对作品意义的分析，但“它的目的不再是对具体作品的描述，指出它的意义。他们并不排斥对作品的总法则”。

巴特写道：“文学作品，至少拿通常为批评所关注的那类作品来说，从来都是既非全无意义又显而易见全然清楚的。也许正是这一点可能成为‘优秀’作品的一条定义。作品可以说是一些断断续续不完整的意义：它一方面俨然以一个能指系统的面目呈现于读者的目下，另一方面则又回避所指之存在。意义的这种不明示性和逃逸性一方面解释了为什么文学具有偌大的力量，既可（通过动摇那些似乎已由信仰、意识形态和公共感觉所确认的意义范畴来）对世界提出种种疑问，然而却又从不给予回答，（没有任何

①皮亚杰著，倪连生、王琳译：《结构主义》，商务印书馆1984年版。

一部伟大作品是说教式的)；另一方面解释了为什么它会成为人们无穷无尽地探索意义的对象，因为没有任何理由可以使人们停止谈论拉辛或莎士比亚。”

“文学只能是一种语言，即一种符号系统；它的本质不在它所传达的信息里，而在该系统自身之中。正是由于这一点，批评家所要做的就不是寻求重建作品所包含的信息，而只是寻求重建作品的系统，正如语言学家的任务并非在于辨认某个句子的含义，而在于建立那个使该含义得以传达的形式结构。”这就是说，作品本身并不完全实现意义，它只是为意义的形成提供条件和形式，意义的实现有赖于不同时代的不同读者的感受，即“需要把整个世界填充到这些形式中去”才行。①

▲**树骨　卡尔·安德烈**
从木块在地板上的几何排列方式及天花板的装饰方式可看出作品受俄国结构主义的影响。

1969年，法国当代著名结构主义符号学家、文艺理论家茨维坦·托多罗夫在《〈十日谈〉语法》里面，第一次提出“叙事学”这个称谓，标志着叙事学作为一门独立学科的开始。结构主义叙述论以语言学结构功能或“行为模式”来表征叙述文的本质特性。“行为模式”分析的主要特征是根据叙述文故事中的不同功能、将其中出现的人、物、思想、理论、时空、气候等列为模式，然后根据模式内容的变化作进一步分析研究。

①阎沐新著：《结构主义对法国现代文学批评理论的影响》，载《天津外国语学院学报》2000年第1期。

图说美学